九州出版社
JIUZHOUPRESS

Other Minds:

the Octopus, the Sea and the Deep Origins of Consciousness

著　[澳] 彼得 · 戈弗雷-史密斯
Peter Godfrey-Smith

译　黄颖

图书在版编目（CIP）数据

章鱼的心灵 / (澳) 彼得·戈弗雷–史密斯著；黄颖译. -- 北京：九州出版社, 2020.12（2023.7重印）

ISBN 978-7-5108-9787-0

Ⅰ. ①章… Ⅱ. ①彼… ②黄… Ⅲ. ①章鱼目–研究 Ⅳ. ①Q959.216

中国版本图书馆CIP数据核字(2020)第221535号

版权登记号 图字：01–2020–6782

章鱼的心灵

作　　者　［澳］彼得·戈弗雷–史密斯　著　黄　颖　译
责任编辑　周　昕
出版发行　九州出版社
地　　址　北京市西城区阜外大街甲35号（100037）
发行电话　（010）68992190/3/5/6
网　　址　www.jiuzhoupress.com
印　　刷　河北中科印刷科技发展有限公司
开　　本　889毫米×1194毫米　32开
印　　张　8.75
字　　数　187千字
版　　次　2021年3月第1版
印　　次　2023年7月第4次印刷
书　　号　ISBN 978-7-5108-9787-0
定　　价　60.00元

献给所有保护海洋的人

引　言

大部分科学领域都要求连续性，这证明它有真正的预言能力。因此，我们必须真诚地尝试一切可能的方式来构想意识的起源，以防意识被看作一种突然进入宇宙的新物质，仿佛在那之前都不存在。

——威廉·詹姆斯，《心理学原理》

（William James, *The Principles of Psychology*，1890）

根据夏威夷人的记述，世界的形成过程由一系列阶段构成……首先低级的植形动物和珊瑚开始出现，接着蠕虫和甲壳类动物也出现了，每种动物都征服并消灭了它们的前任。它们为了生存挣扎，只有强者才能存活下来。与动物演化同时发生的，还有开始出现在陆地上和海洋中的植物：首先藻类开始出现，紧接着海草和灯芯草也陆续出现。各种形态的生命相继出现，腐烂尸体的黏液不断累积，把陆地抬高到水面之上。水中游着在一旁冷眼旁观这一切的章鱼，它是早期世界唯一的幸存者。

——罗兰·迪克森，《海洋神话》

（Roland Dixon, *Oceanic Mythology*，1916）

目　录

1

穿越生命树的相遇

两次相遇与一次分离

那是2009年春天的一个早上，马修·劳伦斯（Matthew Lawrence）在澳大利亚东海岸一片蔚蓝色的海湾随意找了个泊船点，抛下他那艘小船的锚，翻身跳入海中。他戴着水肺沉到锚点处，捡起锚开始等待。海面上的微风吹拂着小船，马修握着锚，随着小船开始漂移。

这片海湾因潜水闻名，但潜水员们只去一些风景亮丽的区域。马修恰好住在这片辽阔又平静的海湾附近。作为一名水肺潜水爱好者，他在这里开始了一项水下探险项目。他会潜入水下，任轻风带动水面上空荡荡的小船；等氧气耗尽，他便顺着锚线游回水面。有一次，他在一片平坦多沙、散落着扇贝的海底之上漫游时，遇到了一些不同寻常的东西：在一块类似石头的东西周围堆着一堆空扇贝壳，数量有上千个之多。在这片贝壳滩上，大概有十几只章鱼各自待在挖好的浅洞里。马修游近它们，绕着周围仔细观察。他发现每只章鱼都大概有一个足球那么大，或者稍小一些。它们缩着腕，待在洞里。这些章鱼大多呈粽灰色，但是每时每刻都在变换颜色；它们的眼睛很大，和人类的没有太大区别，只是拥有深色的横向瞳孔，就好像把猫的瞳孔转了个方向。

这些章鱼看着马修，也和同类彼此对视。有些章鱼开始游来游去：它们会把自己从浅洞中拔出来，在贝壳滩上慢悠悠地拖着腕散步。有时候，这些行为并不会引起其他章鱼的反应，而有时候，两只章鱼会通过多条腕缠斗在一起。这些章鱼彼此非敌非友，更像是维持着一种复杂的共存关系。当章鱼们漫步在贝壳滩上时，一些身长只有 15 厘米左右的幼年鲨鱼静静地趴在一边，更为这番景象增添了一丝奇幻。

在马修发现这番不寻常景象的十几年前，我在另一个海湾浮潜。这个海湾在悉尼，各种大圆石和暗礁遍布其中。我看见一个大得超乎寻常的东西在一处暗礁下游动，于是决定潜到那底下去看看。我发现好像是一只章鱼贴在一头海龟上。它有着扁平的身体、突出的脑袋，还有 8 条从头部直接延伸出来的腕，大致类似于章鱼的腕，很灵活，上面带有吸盘；它的背上长着一圈裙边一样的东西，长几厘米，悄声摆动着。这种动物几乎可以同时呈现出任何颜色：红色、灰色、蓝绿色；它身上的花纹转瞬即逝，变幻无穷。在这些色块之间，银色的静脉有如发光电线。它在距离海底十几厘米的地方徘徊，然后游近了看着我。正像我在海面上估测的那样，这只动物非常大，大概有 90 厘米长。它的腕随意摆动，颜色变幻莫测，游前游后。

这是一只巨型乌贼。乌贼和章鱼是亲戚，和枪乌贼的关系更近。

乌贼、章鱼和枪乌贼这三种动物都属于头足纲动物（cephalopods）。其他为人熟知的头足纲动物还包括鹦鹉螺，还有生活方式远不同于章鱼和其他近亲的太平洋深海贝类。章鱼、乌贼和枪乌贼还有一个共同点：它们都有庞大且复杂的神经系统。

我经常反复潜入水中，屏住呼吸，在水下观察这种动物。不一会儿我就筋疲力尽了，却仍然舍不得离去：我着迷于它（或他？她？），这种生物看上去对我也很感兴趣。这种关注彼此的感觉，让我第一次体验到了它们引人入胜的一面，一发不可收拾。它们会保持一定距离仔细打量你，但通常不会离太远。偶尔当我靠得很近的时候，一只巨型乌贼会伸出一条十几厘米长的腕；因为距离很近，它的腕会碰到我的手。它通常只会碰我一下，不会再继续。相比之下，章鱼对触感有更强烈的兴趣。如果你坐在它们的浅洞前伸出一只手，它们通常会伸出一两条腕，先是打量你，然后会匪夷所思地想把你拉入它们的洞穴。毋庸置疑，章鱼的这个举动是过于自负地把你当成了午餐。不过也有证据表明，它们对自知无法食用的物体也感兴趣。

要想理解人类和头足纲动物的这些相遇，我们得回到与相遇相反的事件：一次分离，也是一次分化。这次分离和这些相遇之间相隔了很长一段时间，大约有 6 亿年。与这些相遇一样，这次分离也和海洋中的生物有关。没人知道这些生物具体长什么样，但它们也许都长得像小而扁的蠕虫。它们也许只有几十毫米长，也许稍微长些；它们也许会游动，也许在海底爬行，或者既游也爬；它们也许有着一双构造简单的眼睛，或者至少有感光区域。如果真像上面猜测的这样，那么这些动物也许并没有什么能被称为“头”和“尾”的结构。它们确实有神经系统，可能是遍布全身的网状神经，也可能是把一部分神经汇聚在一起形成的一个微小大脑。然而它们到底以什么为食，又是如何生存和繁殖的？这些都还未知。不过，从演化角度看，它们有一个让人非常感兴趣的特征，只有在人类追溯自己的演化史时才会发现：这些动物是你和章鱼之间，也就是哺乳动物和头足纲动物之间最后的共同祖先。这里的“最后”指的是时间上离现在“最近的”，也就是演化树上某条分支的末端。

动物的演化史可以用树状图来表示。随着时间的推移，我们看到单个树根上分出了一系列分支。一个物种分裂成两个物种，这两个物种又各自再次分裂（如果它们没有灭绝的话）。如果一个物种一分为二，而且这两个物种存活下来并继续分裂的话，我们将看到两个或更多个物种的演化过程。不同类之间的差别大到足以形成我们现在熟知的各个类别，比如哺乳类、鸟类。现存动物之间的巨大差异，比如甲壳虫和大象之间的区别，都源于几亿年前这些偶然又不起眼的分裂。生命树每次发展出新的分支，都会带来两种新的物种，一边一种：这些物种原本彼此相似，之后却开始各自独立演化。

你可以想象一棵树，从远处看呈倒三角形或锥形，内部形状也不规整，就如第 5 页上的图所示：

现在，你想象自己坐在这棵树顶端的一段树枝上，向下看去。你之所以在树的顶端，并不是因为你比其他的生物更高级，而是因为你目前还活着。你周围目前还存活在世的其他生物，距离你较近

的是黑猩猩和猫之类的人类近亲；你水平扫过整片树顶时，会在离自己较远的地方看到那些与你关系较远的动物。这整棵“生命树”还包括植物、细菌和原生生物等其他生命，不过本书只讨论动物。当你从顶端俯视向树根看去，你会同时看到我们不同时期的祖先，近代的和更远古时期的都有。对于任何一对目前还存活着的动物（比如你和鸟，你和鱼，鸟和鱼），我们都可以沿着它们各自的演化分支往回追溯，直到追溯到它们共有的祖先。我们也许很快就能追溯到这个共同祖先，也许要更久。比如人类和黑猩猩这一对动物，我们很快就能找到它们存在于600万年前的共同祖先；而对于人类和甲虫这种彼此差异很大的动物组合，我们就需要追溯更久远才能找到它们共同的祖先。

当你坐在树顶、穿过树枝观察你的远亲、近亲时，请再考虑一下另一群特别的动物，那些我们通常称为“智能”动物的家伙：它们有着硕大的大脑、复杂且灵活的行为。除了人类，它们之中当然也包括黑猩猩和海豚，还有猫狗。在演化树上，这些动物都距离你较近。从演化角度看，它们是与我们关系很近的近亲。如果我们按照正确的方法来寻找智能动物，鸟类也应该被算在其中。动物心理学过去几十年最重要的进展之一，就是意识到乌鸦和鹦鹉都很聪明。鸟类不是哺乳动物，但它们也是脊椎动物；因此，鸟类和我们的关系虽然不如黑猩猩那么近，也不算远。找到所有这些鸟类和哺乳类动物后，我们可以问这些问题：

这些动物在演化谱系上最近的共同祖先是什么样的？它生活在什么时期？如果我们顺着演化树一路往下追溯，在这些分叉的交汇处，我们会发现什么样的生物？答案是，我们会发现一种蜥蜴般的动物。这种动物生活在大约 3.2 亿年前，比恐龙生活在地球上的年代更早一些。它有脊柱，体形适中，并且适应了陆地生活。这种动物的身体结构和我们相似，都有四肢、头和骨架。它四处移动，有着和我们相似的感官功能，还有一套发达的中枢神经系统。

现在，让我们来寻找包括人类在内的智能动物和章鱼的共同祖先。要找到这种动物，我们需要在演化树上追溯得更远。当我们找到这种生活在大约 6 亿年前的动物时，会发现它就是那种我之前描述过的扁平蠕虫形生物。

哺乳动物和章鱼的共同祖先所生活的年代，要比哺乳动物和鸟类的共同祖先再往前几乎一倍时间。在人类和章鱼的共同祖先还生活在地球上的年代，还没有能够在陆地上生存的生物，这种共同祖先周围体形最大的生物也许就是海绵和水母（还有其他一些奇怪的生物，我会在下一章中详加讨论）。

假设我们已经找到了这个共同祖先，并且正在观察这次正在发生的演化分支。在一片混沌的海洋中（在海底或者水体间），我们观察着这种蠕虫形动物，看看数量繁多的它们如何生存、如何死亡，又如何繁殖。出于某种未知的原因，它们有些和同伴分开，并因为积累下了很多偶然的变化而开始以不同的方式生存。最终，这些分离出来的蠕虫形动物的后代演化出了不同的身形。随着演化树上的树枝不断分叉，没过多久，我们的观察对象就不再是两组蠕虫形动物，而是演化树上两条庞大的分支。

沿着这次海洋生物分支的其中一边再向前一步，我们就来到了演化树上人类所在的分支。这条分支会通向包括脊椎动物在内的很多动物；在脊椎动物内部，它会延伸到哺乳动物，最终抵达人类。分叉的另一边会通向种类繁多的无脊椎动物：比如蟹类、蜂类和它们的亲缘种，比如很多种蠕虫，再比如包括蛤蜊、牡蛎和蜗牛在内的软体动物。尽管这条分支没有囊括所有可以被称为“无脊椎动物”的动物，但确实涵盖了大多数我们熟知的无脊椎动物：比如蜘蛛、蜈蚣、扇贝和飞蛾。

在这条囊括了大多数无脊椎动物的分支上，除了一些例外，大多数动物都有着较小的体形和神经系统。即使有些昆虫和蜘蛛有复杂的行动，尤其是社会行为，它们的神经系统仍然很小。这条分支上的动物大多如此，然而头足纲动物是个例外。头足纲属于软体动物门，所以它们与蛤蜊和蜗牛的亲缘关系较近。与后者不同的是，头足纲动物演化出了庞大的神经系统，还能有和其他无脊椎动物截然不同的行为。头足纲动物的演化路径完全独立于人类。

相比于海洋中的其他无脊椎动物，能开展复杂心智活动的头足纲动物是个特例。鉴于我们和头足纲动物的最近共同祖先结构简单，而且在时间上距离得十分遥远，可以说在演化出庞大的大脑和复杂行为这方面，头足纲动物的演化是一场独立的实验。如果我们可以将头足纲动物当作有知觉系统的来建立交流，那并不是因为我们有共同的演化史，也不是因为我们有亲缘关系，而是因为动物在各自的演化过程中，曾经两次演化出心智。如果拿接触外星智能生命来类比我们和其他生物的交流，与头足纲动物的接触可能是最像的一种。

概　述

在我研究的哲学领域中，最经典的问题之一就是身心关系。

知觉、智力和意识是如何存在于物理世界中的？尽管身心问题涵盖广泛，但在本书中，我想在这个问题的研究上取得一些进展。我想从演化角度研究这个问题；我想研究意识是如何从生物体的原材料中产生的。亿万年前，动物还只是由细胞无规则组合在一起的很多种生物中的一种，它们才刚刚开始成群在海洋里生活。不过，从那时开始，它们中的一些就开始走向一种特殊的生活方式。这些动物逐渐发展出了更高的移动性能和活动能力，渐渐演化出了眼睛、触手和操纵周边物体的方法。它们也演化出了不同的移动方式和生活习性，比如蠕虫演化出了爬行，小虫会嗡嗡振翅，鲸可以在全球范围内洄游。在某个未知的阶段，动物演化出了主观经验。对一些动物来说，它们自身会有一种身为这种动物的特别感受，它们会以某种意义上的自我来体验周围的一切。

我对所有生物主观经验的演化都感兴趣，但头足纲动物的演化将在本书中占据尤其重要的位置。首先是因为，头足纲动物是非同寻常的生物。如果它们能说话，它们可以告诉我们很多信息。当然，这并不是头足纲动物作为主角贯穿全书的唯一原因。这些动物引导着我在身心问题上的研究走向。跟随它们畅游在海洋中，试图理解它们的行为，这些都成了我研究中的重要部分。研究动物的心灵时，我们很容易被人类对自身心灵的认识影响。想象构造比我们简单的动物的生命和体验时，我们经常只会代入小几号的自己的感受。头足纲动物让我们领会到了一些截然不同的东西。世界对它们来说是什么样的？章鱼的眼睛和我们相似：类似于照相机，晶状体调节对焦，使图像成像在视网膜上。虽然它们的眼睛和我们的很像，但那些眼睛背后的大脑和我们几乎没有任何相似之处。如果我们想要了解“他者”的心灵，那么头足纲动物的心灵是最当之无愧的他者的心灵。

哲学可能是最不依赖物质的一门学科。做哲学是一种，或者说可能是一种纯粹的精神生活：不需要操作仪器，也不需要任何基地或试验站。这种脱离物质的研究方法本身没有大问题，数学和诗歌也是如此。然而要研究头足纲动物的心灵，身体的实体层面是很重要的一部分。我因为经常潜水而接触到头足纲动物，纯属偶然。后来我开始跟随它们，最终开始思考关于它们生命的问题。我的研究受制于头足纲动物是否露面，它们行动的不可预测性；也受制于水下作业的可行性：比如对潜水装置、对氧气和水压的要求（泡在海水中，浮力会抵消部分重力），这些都会影响到我的研究。作为人类，我们潜水时要付出的努力恰恰折射出陆地和海洋生物的差异。而海洋算得上是心灵的起源地，至少，心灵最早期的模糊形式在海洋中形成。

在本书的开头，我引用了哲学家、心理学家威廉·詹姆斯写于19世纪末的一段话。詹姆斯想要理解意识是如何开始存在于宇宙中的。在意识问题上，詹姆斯基于广义的演化进行研究，而这种演化不仅包括生物演化，也包括宇宙作为一个整体的演化。他认为，我们需要一种基于连续性和清晰过渡的理论，这其中不该有突然开始或缺失的过渡期。

和詹姆斯一样，我也想理解心灵和物质的关系，而且我认为，身心关系的问题只能通过一个基于循序渐进发展的理论来解释。也许现在有些人会说，我们已经知道了这种发展的概况：大脑开始演化，演化出更多的神经元，有些动物比其他动物更聪明，差不多就这些。然而，这样的解释实际上拒绝思考一些最令人费解的问题。比如，有某种意义上的主观经验的最简单早期动物有哪些？再比如，哪些动物最早能感受到伤害，比如通过感到疼痛来感知伤害？

有着硕大脑部的头足纲动物会不会有作为这种动物的特殊感觉？还是说它们只是像生化机器一样，内心空空如也？这个世界有两个层面必须能够以某种方式拼合在一起，然而它们的拼合方式似乎超出了我们现有的理解。其中一个层面是能被某个主体感受到的感觉和其他思维活动，另一个层面是生物、化学和物理世界。

本书并不能完全解决以上问题，但是可以通过厘清感官、身体和行为的演化过程来推动这些问题的解决。心灵的演化，出现在这些演化过程中的某个阶段。所以，这既是一本哲学书，也是一本关于动物和演化的书。虽然这是一本哲学书，但不代表内容晦涩难懂。做哲学研究很大程度上就是在整合信息，把一块巨大拼图上的碎片铺在一起，让这块拼图言之有理。好的哲学是机会主义的，会抓住一切看上去有用的信息和工具。我希望你们读下去的时候，并不会注意到本书是如何游走在哲学和非哲学之间的。

写作本书的目的，是用一种兼具广度和深度的方式研究心灵和它的演化过程。广度是指把不同种类动物的相关研究都纳入思考。深度是指时间上的纵深，因为本书的研究涉及生命史上大跨度时间范围内物种的连续演化。

我引的第二段话选自一个演化故事，是人类学家罗兰·迪克森（Roland Dixon）转述的一个夏威夷人的传说：“首先低级的植形动物和珊瑚开始出现，接着蠕虫和甲壳类动物也出现了，每种动物都宣称征服并消灭了它们的前任……”迪克森描述的这个连续征服的故事并不是真实的演化历程，而且章鱼也不是“早期世界唯一的幸存者”。不过，章鱼和心灵的演化史之间确实存在一种特殊的关系。它不是一个幸存者，而是一件已经发生的事情的二次呈现。章鱼不是《白鲸记》中独自逃脱并叙述这个故事的以实玛利[①]，而是人类的远亲。这个远亲从演化树的另一条分支而来，最终要讲述一个完全不同的演化故事。

① 在赫尔曼·梅尔维尔的小说《白鲸记》中，捕鲸船“佩朗德”号在追捕白鲸莫比·迪克的过程中被掀翻，只有船员以实玛利生还。——译者注

2
一段动物演化史

开　端

地球大概已有45亿年的历史，地球上的生命大约于38亿年前开始形成。动物出现得更晚，可能是10亿年前，也可能是距离现在更近的时间。所以地球的大半生里都有生命，但没有动物。在非常长的一段时间里，地球上仅有的生命是生活在海洋里的单细胞生物。当今的大部分生命依旧以这种形式存在。

我们可以从单细胞生物开始想象这段动物出现之前的漫长历史，把它们看作当时地球上唯一的生命：它们就如无数微小的岛屿，除了在水面附近四处漂流、用某种方式进食和分裂成两个个体之外，不再开展其他活动。不过，不管是现存的还是过去的，单细胞生物彼此之间的互动也许远比上面描述的多：很多这样的生物成群生活在一起，有时候只是简单地共存或者短暂地和平共处，有时候是实打实的合作关系。有些早期的合作关系非常紧密，那些生物甚至可以算是脱离了所谓的“单细胞生物”生存模式。然而，这些单细胞之间的协作关系又和动物体内细胞之间的协作方式相去甚远。

想象这个没有动物的世界时，我们也许会假定这个世界中不存在任何行为，生物对外界环境没有任何感知。然而，事实并非如此：单细胞生物也可以感受周围并做出反应。虽然只有在广义的“行为”定义下，单细胞生物的那些生命活动才能被称为“行为”，但它们可以通过控制自己的移动和决定制造出哪种化学物质来回应感知到的周围环境。对任何一种生物来说，感知环境后能够就此给出行为回应的，必须具备两个部分：一个部分是接收性（receptive）的，可以看、听、闻；另一部分必须是主动性（active）的，促使一些对自己有用的改变发生。这种生物必须能够在这两部分之间建立起某种联系。

在人类深入研究过的单细胞生物中，最为我们熟知的是大肠杆菌的相关研究。我们体内和周围有大量的大肠杆菌。它们有味觉、嗅觉，能够探测出身边无害和有害的化学物质，能有选择地游向或远离某些化学物质浓度较高的地方。大肠杆菌的表面有一系列受体，这些受体是把外膜连接在一起的分子，也就是大肠杆菌发挥“接收”功能的部分。大肠杆菌的“输出”部分由鞭毛组成，它们依靠这些长长的细丝游动。大肠杆菌细胞主要用两种方式游动：前进（run）或翻转（tumbling）。它们前进时会沿直线向着一个方向移动；和你设想的一样，它们翻转着移动时，会任意改变方向。大肠杆菌会连续不断地交替使用这两种移动方式，当它探测到食物浓度有所上升时，会减少翻转的频率。

一个大肠杆菌非常小，无法单独依靠受体来探测有害或有益化学物质的来源。不过，大肠杆菌会利用时间来解决这个空间难题。它们对某个时间点上某种化学物质的浓度并不感兴趣，更能引起它们反应的是这种化学物质浓度的上升或下降。毕竟，如果大肠杆菌细胞仅仅因为某处有益的化学物质浓度很高而直线游向那个地方的话，游着游着可能会远离而非靠近那片福地。这都取决于它直线游动的方向。对于这个问题，大肠杆菌有很巧妙的解决办法：它感知周围时，会有一套记录当下所处环境的机制，还有另一套记录不久前周边环境的机制。大肠杆菌只要感知到现在的化学物质浓度比不久前高，就会沿直线游动。反之，它会优先选择改变方向。

细菌是多种单细胞生命中的一种，从很多方面来说都比那些最终聚集在一起演化成动物的细胞更简单。那些最终演化成动物的细胞（即真核生物）体积更大，内部结构也更复杂。也许在15亿年前，类似细菌的单细胞吞噬了另一个单细胞，由此演化出了真核生物。在很多情况下，单细胞的真核生物有着更复杂的味觉和游动能力，而演化出另一种尤为重要的知觉——视觉——也距此不远了。

光在生命世界中扮演着一个双重角色。对很多生物来说，光本质上是一种很重要的资源，是一种能量来源。另外，光也可以是一种信息源，能指示很多其他事物。虽然我们对光的第二种作用非常熟悉，但是对微小的生物来说，把光作为信息源并不容易。单细胞生物主要利用光来汲取能量，像植物一样沐浴在阳光下。许多细菌都能感光，能对光源的存在做出反应。像单细胞生物这样的微小生物，就连探测出光源的方向都不是件易事，更别说聚焦成像了。不过，一部分单细胞真核生物（也许还有一些非同寻常的细菌），确实具有更原始的类似于视觉的感知能力。这些真核生物有能够感光的“眼点”(eyespot),这些眼点和一种能够挡住或聚焦光源的东西连接在一起,能让真核生物从光源中提取出更多信息。有些真核生物寻找光源,有些躲避光源,有些介于两者之间。它们需要汲取能量时会追寻光源,储存了足够的能量后会避开光源。其他一些真核生物会在光线不强时寻找光源,在强度高到对它们构成危险时躲避光源。在上面的所有例子中,真核生物身上都会有一套把它的眼点和游动机制连接起来的控制系统。

这些微小生物对外界的感知,大多数都以寻找食物和避开毒素为目的。然而,即使在早期的大肠杆菌研究中,人们也发现大肠杆菌还为了其他目的感受外界。它们也会被自己不能食用的化学物质吸引。研究大肠杆菌的生物学家越来越相信,大肠杆菌的感官不仅会对成片可食用及不可食用的化学物质做出反应,也会因为它们周边其他细胞的存在和活动而有反应。这些细菌表面的受体对很多事物都很敏感,包括细菌自身分泌的化学物质。大肠杆菌会出于不同的原因分泌化学物质,有时候只是在新陈代谢过程中排泄出多余的物质。这些行为听起来也许不足为道,但它们打开了一扇重要的大门。一旦大肠杆菌能探测到并分泌出同一种化学物质,细胞间就有可能进行协调。这就是生物社会行为的起源。

群体感应(quorum sensing)就是这种早期社会行为中的一例。如果一种细菌会分泌出和探测到某种化学物质,这种细菌就会通过探测化学物质的浓度来估测周围有多少自己的同类。当它们要分泌出一种只有很多细菌同时分泌才有效的化学物质时,它们也可以由此估测出周边是否有足够的同伴来一同实现这个目的。

一个尚待研究的早期群体感应的例子，就与海洋和一种头足纲动物（恰好契合本书的主题）相关。寄生在夏威夷短尾乌贼体内的细菌，会通过化学反应来制造光，而实现这一目的的前提是附近有足够多的细菌能一同反应。这种细菌通过探测周围环境中一种“诱导”分子的浓度，来控制自身的发光程度。这种诱导分子由细菌自身分泌，它可以帮助每个细菌感知周围潜伏着多少可以制造光的同类。就像发出光亮一样，这种细菌还遵循一条规律：如果能感应到更多这样的化学物质，它们就能分泌出更多这种物质。

这些细菌制造出足够的光亮后，它们寄居的短尾乌贼就有了伪装优势。因为这些短尾乌贼在夜间捕食，一般情况下，如果没有光的伪装，月光会把它们的影子投到海洋更深处，使它们容易被捕食者发现。它们体内发出的光亮能够使游动的身体不投下影子。这些居住在短尾乌贼体内的细菌，也可以从寄主身上获益。

虽然目前就我们讨论到的演化历史节点而言，短尾乌贼还要很久之后才会出现，但当我们想象生命的早期阶段时，首先印入脑海的就是这样的海洋环境。生命的化学是一种水环境化学（aquatic chemistry）。我们只有通过体内储存的大量盐水才能在陆地上生存。那些孕育出感应能力、行为和协作的很多早期演化进程都依赖海洋中化学物质的自由流动。

至此，我们谈到的所有细胞都对外界状况敏感，有一些还会对自身以外的其他生物（包括自己的同类）有特别的敏感度。某些生物会特地分泌让自己被感知到的化学物质（不是当作一种副产物分泌），上面提到的这类细胞中的一些就会对这些化学物质敏感。这种通过分泌化学物质来吸引和回应其他生物的行为，就是生物发送信号和进行交流的开端。

行文至此，我们已经来到了两个事件——而非一个——的开端。在这个只有单细胞海洋生物的世界里，我们已经看到个体是如何感受周围的环境并向其他个体发出信号的。而我们接下去即将看到，从单细胞生物到多细胞生物的过渡。单细胞生物原本通过信号传送和感知周边来联系其他个体，一旦它们开始向多细胞生命过渡，这种联系方式就为发展出新型交流奠定了基础。这种交流会在这些刚刚出现的多细胞生物的体内进行。生物间信号传送和感知周围环境的行为，逐渐演化成了生物体内不同细胞之间的交流。单细胞生物原本用来感知外界环境的方式，现在被多细胞生物中的一个细胞用来估测和自己同在一个生物体内的其他细胞将要做什么、可能在传送什么信息。在多细胞生物体内，一个细胞的“外界环境”主要由周围其他的细胞构成。这种刚演化出现的体形更大的生物，生存能力的强弱取决于体内不同部分的协调。

生活在一起

动物是多细胞生物，我们体内有很多一起协作的细胞。当一些细胞不再作为独立个体存在，而是成为联合运作的庞大生物中的一部分时，动物就开始演化出现了。单细胞过渡到多细胞生物发生了很多次，一次演化出了动物，一次演化出了植物，在一些情况下还演化出了真菌、好几种海藻，还有其他一些不那么显而易见的生物。最有可能的情况是，动物并不是从形单影只的单细胞的结合开始起源的，而是源自没有正常分开的子细胞。通常，一个单细胞生物一分为二后，分裂出的子细胞会独立生存，但也不是次次如此。可以想象这样一个场景：一个细胞分裂成两个时，分裂出的细胞还聚集在一起，这样的过程发生了很多次。最终，所有分裂出的细胞聚成了一团细胞。这团细胞在海洋里游荡时大概以细菌为生。

之后发生了什么，目前还没有定论。根据不同类型的证据，学界目前猜想了几种不同的场景。可能绝大多数人都猜想这些球状细胞群不再在海洋里游荡，而是定居到了海底。它们通过身上的管道过滤海水获得养分。结果就演化出了海绵。

海绵？海绵看上去最不可能是动物的祖先，毕竟不会移动。它们看上去明显无法继续演化。然而，只有成年的海绵不会移动，海绵幼体并不是这样。它们的幼体会在海里游动，找到一个地方定居下来，在那里长成成体。海绵幼体没有大脑，它们依靠感应器（sensor）探测周边环境。相比于定居下来，也许有些幼体会选择继续在海里游动。它们保持移动，性成熟阶段悬浮在水中，然后开始全新的生活。它们成了其他动物的祖先，把那群定居在海底的亲戚留在身后。

启发研究人员构思出这个演化场景的观点认为，海绵是现存动物中和我们关系最远的物种。关系远并不代表古老，现存的海绵并没有比我们少经历演化。但是如果海绵确实出于种种原因在很久之前就走上了一条独立的演化分支，它们能给大家了解最早期动物是什么样的带来一些线索。然而近期的研究表明，和我们亲缘关系最远的也许并不是海绵，而是栉水母。

栉水母（comb jelly，又名 *ctenophore*）长得像非常精致的水母：球状，几乎通体透明，下方是色彩斑斓的发丝般的纤毛。虽然栉水母通常被认为是水母的近亲，但是二者外观上的相似性其实有误导性；可能早在海绵演化出不同的动物之前，栉水母就已经分离到不同的演化分支上。即使这就是真实的演化场景，也不是说我们的祖先就长得像现存的栉水母。不过，栉水母假说确实为我们设想早期演化阶段提供了不同的思路。同样，我们从一团细胞开始想象早期演化过程，但是要想象这团细胞形成了一种朦胧的球形；当它悬浮在水体中生活时，它会以一种简单的节奏游动。动物的演化由此开始，不是源于扭来扭去不想定居的海绵，而是源于一个幽灵般徘徊在海里的祖先。

多细胞生物出现后，曾经自成一体的细胞开始作为更大生物中的一部分运作。如果这种新生物不仅仅是一团黏在一起的细胞，那么它体内的细胞就需要互相协作。在前文中我已经描述过单细胞生物是如何感应外界和开展行动的。在多细胞生物体内，这些感知系统和行为系统变得更加复杂。不仅如此，这些新个体（也就是动物）的生存，恰恰取决于它们的感应和反应能力。生物间彼此传送信号和感应周围环境的行为，演化成了生物体内类似的行为。那些曾经独立生存的细胞，以自己的“行为”能力为这种刚出现的多细胞生物体内不同部分的协作打下了基础。

动物赋予了这种协作不同的功能。其中一种功能也能在植物之类的多细胞生物上见到：细胞间的信号传递用于建构生物体，让生物长成该有的样子。另一种功能在更短的时间跨度内发挥作用，在动物身上尤其明显。除了少数几种动物以外，大部分动物体内或大或小的神经系统的基础，都是由某些细胞间的化学反应构成。一些动物体内的这种细胞大量聚集，释放出一波另作他用的电化学信号，最终形成大脑。

神经元和神经系统

一个神经系统由很多部分组成，但最重要的组成部分是那些被称为神经元的细胞。它们的形状非常特别，长长的轴突和复杂的树突在我们的大脑和身体里形成了一个迷宫。

神经元活动取决于两种东西。一种是兴奋性，也就是细胞内按顺序发生的电化学变化，在动作电位[①]内尤其常见。第二种是化学感应和信号传递。一个神经元会往自己和另一个神经元之间的间隙或“裂缝”中释放少许化学物质。当另一边的细胞探测到这些化学物质时，相邻的细胞就会触发（有些情况下也会抑制）一次动作电位。这些化学影响就是早期生物之间信号传递遗存到今天的新形式，只不过现在这一切都发生在生物体内。同样，在动物演化出现之前，动作电位就已经存在于细胞内，现在还存在于非动物的生物体内。实际上，人类第一次就是在维纳斯捕蝇草体内测量到动作电位的（这次在查尔斯·达尔文唆使下开展的测量，发生在19世纪）。一些单细胞生物体内甚至也存在动作电位。

① 可兴奋细胞受到刺激时，在静息电位的基础上产生的可扩布的电位变化。

神经系统不仅使得细胞和细胞之间传递信号成为可能（毕竟这很常见），还形成了某种特定的信号传递。首先，神经系统的运作速度很快。不过除了捕蝇草等少数例子，植物的神经系统运作得相对迟缓一些。其次，神经元中传递信号的轴突长而纤细，可以让细胞穿过大脑或在体内传递较长的距离，而且只会影响远处的一部分细胞。也就是说，它们的影响是有针对性的。细胞和细胞之间的信号传递，从原本的就近传播和接收信息，演化成了截然不同的细胞间有组织的信息传递网络。在一个类似于人类的神经系统内，借助细胞间化学物质的介导，细胞间的信息传递变成了喧嚣不断的电信号，成了由微小细胞的一阵阵突发反应汇成的交响乐。

这种内部的骚动也会消耗很多能量。神经元的运作需要大量能量供给和维护。激发放电反应就像让电池不断地充电、耗电，每秒多达上百次。我们人类这样的动物从食物中汲取的能量，有近四分之一都用于维持大脑运作。任何神经系统都非常耗能。接下去很快会写到神经系统的演化史，比如它们大概什么时候演化形成，如何演化形成。不过，我首先会用一定篇幅来讨论一个宽泛的问题：生物为什么会演化出神经系统。

既然拥有这样的大脑或者任何类型的神经系统都非常耗能，为什么还值得拥有呢？它们到底有什么用？在我看来，人们对这个问题的思考主要受到两种学说的影响。这两种学说历史悠久，不仅常见于科学领域，也渗透在哲学研究中。根据第一种学说，神经系统最初也最根本的功能，是把知觉和动作连接在一起。大脑引导动作，唯一有效的“引导”方法，就是把做什么和看到（触到或尝到）什么联系在一起。这些感官会追踪周边环境的变化，而神经系统会根据收到的信息决定应该如何反应。我把这个学说称为神经系统及其功能的感觉-运动（sensory-motor）论。[1]

在感官和“效应”（effector）机制之间，必须有能够把它们连接起来的东西，而且这个东西必须能利用感官收集到的信息。大肠杆菌的相关研究告诉我们，就连细菌都有这种发挥中间媒介作用的结构。动物的感官更加复杂，能够做出更复杂的行为，也有更复杂的把感官和动作连接在一起的机制。不过，根据感觉-运动学说，无论是在过去、现在还是将来，这个中间媒介一直都在神经系统中发挥着核心作用。

第一种学说非常直观，人们甚至认为不可能再有其他学说可以解释得同样到位。然而确实还有另一种学说，比第一种学说更容易被忽视。我们必须根据外界环境来调整自己的行为，但是还有其他必须发生的事，而且在某些环境下更基本也更难实现，那就是生物体本身做出动作。那么，我们最初又是如何具有行动能力的呢？

我刚在上文中提过：你感知到周围发生了什么，并会对此做出反应。然而，如果你由很多细胞组成，完成一些行动并不容易，不能想当然，因为你身体的不同部分需要开展大量配合。如果你是一个细菌，这就不难，但如果你是一个更大的生物，情况就大不同了。身为体积更大的生物，你面对的任务是把源于身体不同部分的小输出（比如微小的收缩、扭曲和抽搐等）连贯成一个协调的整体

① 如果你看到过“感觉运动”（sensorimotor）这个词，请同样代入这里的“感觉-运动”进行理解。

动作。不同层面的大量微观动作，必须被协调成一次宏观动作。

这种协调在人类社会中很常见，比如团队合作的问题。一个足球队的队员必须把他们各自的行动整合入一个整体；至少在足球这样的运动中，即使对手从不调整策略，自己这一方把个体行动整合成一体的行动也是很浩大的工程。一个交响乐团也会面临相同的问题。这种协调困难同样困扰着一些生物个体。这主要是动物需要面对的特定问题；对单细胞生物不成问题，但多细胞生物的生活方式中涉及如此复杂的行为，就很难不遇到这种困难。细菌不会受此困扰，海藻也同样无忧。

在上文中我把神经元之间的交流比作一种信号传递。虽然这样类比并不能完整地概述神经元的行为，但还是有助于我们理解这两种解释早期神经系统作用的学说。回想 1775 年美国独立战争爆发时，保罗·里维尔（Paul Revere）趁着夜色骑马狂奔，通报大家英军来袭。诗人亨利·沃兹沃思·朗费罗（Henry Wadsworth Longfellow）曾写过一首运用了大量破格（poetic license）[①] 的诗来讲述这个故事。当时，波士顿旧北教堂的司事能观察到英军的移动，他通过一种灯笼密码给里维尔传递信息（“敲一下表示在陆地上行动，敲两下表示在海上靠岸”）。在这个例子中，这位教堂司事就像一个感应器，里维尔就像一块肌肉，教堂司事的灯则扮演了神经连接的角色。

人们也经常用里维尔的故事来引导关于交流的思考，的确有

---

① 指打破语言规则的诗艺创作。——编者注

所帮助。但这个故事也促使我们思考一种特定的交流，一种解决了一个特定问题的交流。请思考另一个虽然有所不同，但同样为人熟知的场景：假设你和一群桨手在同一条船上，人手一桨。只有当桨手齐心协力划桨时，船才会向前移动；然而，如果不协调彼此的动作，每个人再力大如牛，船也会因为这些分散的个体动作而无法驶向前方。什么时候撑桨并不重要，重要的是所有人同时撑桨。协调众人动作的方法之一，就是有人负责喊一声："撑桨！"

交流在日常生活中同时扮演这两个角色：一方面，根据观察和行动的分法，交流在教堂司事和里维尔之间或者感觉-运动系统中，扮演着中间人的角色；另一方面，就像我们在桨手的例子里见到的，交流也可以只负责协调。这两个角色可以同时存在并互不冲突。划船时若要让船顺利行进，需要有人对不同的微观行为进行协调，也需要有人观察船的走向。喊"撑桨"的人（也就是舵手），通常扮演着团队之"眼"的角色，是微观行为的协调者。相同的作用组合也存在于神经系统。

虽然这两个角色之间没有实质性的冲突，但它们之间还是有很重要的区别。20 世纪的一长段时间里，从感觉-运动学说角度来解释神经系统的演化都被视为理所应当；过了一段时间，基于内部协调的第二种学说才变得清晰。英国生物学家克里斯·潘廷（Chris Pantin）于 20 世纪 50 年代提出这一学说，近些年来，哲学家弗雷德·凯泽（Fred Keijzer）让大家重新注意到这个学说。他们准确地指出，人们一不小心就会进入一种思维定式，认为每次行动的都是一个独立的单元，这样想的话，要解决的问题就只剩下一个，就是把这些行动与感官协调在一起，判断什么时候要采取 X 而非 Y 行为。然而，当生物体变得越来越大、可实现的行为越来越多时，这种学说就越发显得不准确，因为它忽略了生物最初是如何能够做 X 或者 Y 的问题。所以，提出一个替代假说是好事。我把第二种学说称为早期神经系统作用的动作塑造学说。

让我们再回到动物历史：第一批有神经系统的动物长什么样？我们该如何想象它们的生活？这些问题暂时都还没有答案。这个领域的研究很多都专注在刺胞动物上，其中包括水母、海葵和珊瑚。从演化角度看，它们和我们的关系很远，但不及海绵动物那么远，而且它们确实也有神经系统。虽然在动物的演化树上，早期分支还不分明，但研究人员通常认为，最早有神经系统的动物可能形似水母：它们身体柔软，没有硬壳或骨骼，平时可能在水中游荡。你可以想象一个类似于灯泡、几乎透明的生物，神经系统活动在它体内起源。

这种生物最初可能出现在大约 7 亿年前。我们基于基因证据推断出这一时间，目前还没有发现过如此古老的动物化石。观察这个时期的岩层，你也许会认为那时候一切都是静止且寂静的。然而，DNA 证据强烈提示，演化史上很多至关重要的分叉一定发生在那一时期前后。也就是说，那时候的动物一定经历了重要的变化。对想了解大脑和心灵演化过程的人来说，这些重要阶段的不确定性让人沮丧。但如果我们把讨论视野聚焦到距离现在更近的时间段，动物的演化图景会变得更加清楚。

花 园

1946 年，澳大利亚地理学家雷金纳德·斯普里格（Reginald Sprigg）在南澳大利亚州的内陆勘测一些已经被废弃的矿区。斯普里格被派去查看那里还有哪些值得重新开采的矿区。那是一个名为伊迪亚卡拉山丘的偏远地方，离最近的海还有上百公里之遥。据说，斯普里格当时正在吃午餐，他翻开一块岩石，注意到一片看起来像精巧水母化石的东西。身为地理学家的他，认识到这些岩石非常古老，知道这一发现非常重要。然而他并不是公认的化石专家，所以虽然专门撰写了论文，但几乎没有引起别人的重视。《自然》杂志拒绝了他的投稿，斯普里格还是一家家地接着投，直到 1947 年，《南澳大利亚皇家学会会刊》（*Transactions of the Royal Society of South Australia*）接受并发表了他的文章。与他的这篇《早期寒武纪水母》一同发表在同一期杂志上的，还有《论澳大利亚哺乳动物的重要性》之类的文章。斯普里格的这篇论文最开始无人问津，大概 10 年后才有人意识到他发现的水母化石的价值。

当时，熟悉化石记录的科学家都非常了解寒武纪（大约始于 5.42 亿年前）的重要性。我们现在知道的很多动物体形结构都在“寒武纪大爆发”期间第一次出现。斯普里格发现的水母是当时发现的第一份寒武纪大爆发之前的动物化石记录；不过，1947 年那会儿，斯普里格本人并没有意识到这一点。他把这个水母生活在地球上的时间段定在了早期寒武纪。人们在全球各地其他地方陆续发现类似的化石之后，也更细致地研究了斯普里格在内陆发现的水母化石，结果发现这些化石可以追溯到远早于寒武纪的时期，而且这上面的大部分动物可能根本不是水母。这段史前时期现在被称为埃迪卡拉纪（*Ediacaran*，根据斯普里格发现化石的那群山丘命名），指的是 6.35 亿年前至 5.42 亿年前这段时间。有了埃迪卡拉纪的化石，我们就有了第一份关于早期动物生命的直接证据，可以据此探寻它们的体形大小、个体数量，还有生活方式。

距离斯普里格发现化石地点最近的大城市是阿德莱德，很多埃迪卡拉化石都保存在当地的南澳大利亚博物馆。吉姆·格林（Jim Gehling）带我参观了这些展览。他认识斯普里格，从 1972 年起就开始研究这些化石。远古环境中生命的密集程度让我很惊讶，埃迪卡拉生物群远不是一些孤零零的个体。格林收集的很多岩石板块上都有十几块大小不同的化石。这些化石中较显眼的有狄更逊水母（*Dickinsonia*），它有细长的条纹状部位，长得有点儿像荷叶或浴室里的防滑垫。（下图是南澳大利亚博物馆馆藏的一张狄更逊水母化石的照片。）不过，你把注意力集中在大型化石上时，就容易错过岩石板块上其他的大多数生物。格林有好几次都走向岩石上看起来杂乱且难以区分的部分，把一块橡皮泥按上去；取回橡皮泥后可以看到上面印出了一只体形小巧的动物，印记精巧，细节详尽。

埃迪卡拉纪的动物体形并不小巧，有些长达十几厘米，甚至能接近 1 米。这其中的大部分动物似乎生活在海底，细菌群和其他微生物在上面堆积成软垫，动物们在软垫中或软垫上生活。它们的世界就像一片海底沼泽。这里的很多动物也许成年之后也不会移动，扎根一处。这些动物中有些可能是早期的海绵或珊瑚，还有一些身体形态在埃迪卡拉纪后完全被演化淘汰了，比如三面或四面结构，或者像内缝了软芯的宽叶片。很多埃迪拉卡生物的移动能力似乎都很有限，它们就安静地生活在海底。

不过，DNA 证据有力地表明，埃迪卡拉纪动物已经有神经系统，这也意味着，阿德莱德这座博物馆墙上的有些生物可能是有神经系统的。哪些生物可能有呢？这些动物中有些可以自行移动，最明确的例子就是金伯拉虫（*Kimberella*）。我把这种动物画在下页。它看上去像半块马卡龙（虽然马卡龙是椭圆形的），有正面和反面，一面也许还长着舌头般的裙边。金伯拉虫留在化石上的痕迹提示，这种生物在开始移动前，会先推动自己面前的沉积物，一边爬一边刮过接触到的表面，也许是在进食。人们有时候会把金伯拉虫认成一种软体动物，或者某种近似于软体动物但已经灭绝的生物。如果金伯拉虫可以爬行，尤其是长到十几厘米长后，我们基本可以确定它有一个神经系统。

金伯拉虫算是人们目前可以确定的能自行移动的埃迪卡拉动物，但很可能还有其他类似的动物。有人在靠近某个狄更逊水母化石的地方发现了一连串行踪类似，但更浅淡的痕迹。这种动物似乎会停在一个地方，进食一会儿，再继续移动。一些对埃迪卡拉纪场景的重建显示，当时包括斯普里格蠕虫（*Spriggina*，以它的发现者斯普里格命名）在内的一些动物会游动。但格林认为这不太可能，因为已发现的斯普里格蠕虫化石总是同一面朝上。如果斯普里格蠕虫会游动，那么它们遇到一些小灾难死亡后，总有可能另一面朝上。因此，格林认为，斯普里格蠕虫和金伯拉虫一样，都是在海底爬行，而不是在水中游动。

有些生物学家认为，埃迪卡拉生物群是更早前的生物演化成动物过程中的中间产物，它们本身不完全算是动物。所以，与其说是动物，还不如把它们看作细胞结合成为生物的另一种方式。那些奇怪的三面体生物和有着像内缝软芯的宽叶片生物也许能验证这一看法。更常见的解释是，像金伯拉虫之类的埃迪卡拉生物，的确属于我们熟知的动物群；而其他一些化石，连同古老的藻类以及某些生物形式，属于部分已经被淘汰的演化片段。然而，在不同观点中涌现出了一贯的主题：埃迪卡拉纪的世界很和平，基本没有冲突和猎杀。

“和平”这个词用在这里也许并不恰当，因为这个词的本义是经过深思熟虑后形成的友谊或达成的和解。然而，埃迪卡拉生物之间似乎没什么互动。它们在微生物软垫上大口咀嚼，从海水中过滤出食物，有时候还会四处漫游；如果化石记录足够可靠，它们之间基本就没有互动过。

也许，化石记录并不能提供很好的判断依据，因为我在本章的第一部分讨论过，在化学信号的帮助下，单细胞生物的世界充满了隐秘的互动。埃迪卡拉纪可能也是如此，这种互动模式不会留下任何化石记录。当然，从演化角度看，埃迪卡拉纪生物之间彼此竞争，毕竟为了繁殖后代，这是不可避免的。但生物间最常见的一些互动方式看上去确实并不存在于埃迪卡拉纪，尤其是研究人员没有发现捕食迹象，没有在任何化石上发现过被吃了一半的动物残骸遗迹〔一些化石证据显示，克劳德管虫（*Cloudina*）身上可能有和捕食相关的损伤，但即使在这个例子中，也无法确定是否存在捕食行为〕。埃迪卡拉纪绝对不是一个生物间残忍厮杀的世界，更像是“埃迪卡拉花园”（the Garden of Ediacara），这个词组由美国古生物学家马克·麦克梅纳明（Mark McMenamin）提出。

从埃迪卡拉生物的形体上，我们也可以了解到这个花园中的生命信息。这些生物似乎没有庞大、复杂的感官，也没有大眼睛或触角。几乎可以确定，埃迪卡拉生物多少都会对光和化学物质有所反应。但就已知的信息来看，它们并没有充分利用感光之类的机制。它们身上没有爪子、刺或壳之类的武器，也没有能进行防御的盾。它们的生活中似乎不存在冲突或复杂的互动，而且也肯定没有演化出我们熟知的那些进行复杂互动所需的身体结构。这个花园里的生命都相对沉默、自足，就像是萍水相逢后便再无交集的“马卡龙”。

埃迪卡拉纪的生物和现在的动物大相径庭。和我们亲缘关系较近的动物，都会对周边环境保持高度警惕，它们会追踪自己的朋友、敌人，还有生境中数不清的其他特征。它们之所以这么做，是因为周边发生的状况关乎它们的生命，通常都直接关乎生死。至于埃迪卡拉生物，现在并无明确的迹象表明它们每时每刻都会关注周边的环境。如果事实的确如此，那么埃迪卡拉纪的祖先有了神经系统之后，就以不同于更近期的动物的方式运作神经系统。具体来说，埃迪卡拉纪生物的神经系统所发挥的作用，可能符合我之前描述的第二种学说，即用来协调内部行为，而不是通过感觉-运动系统来调整动作。神经系统曾经被用来引导行动、保持移动节奏、协助爬行，还可能辅助游动。这其中应该也包括对周边环境的感应，但可能并不会涉及太多。

这些推断也许是错误的；也许埃迪卡拉生物间存在大量感应环境以及与彼此互动的行为，但都是通过一些柔软的器官完成的，所以并没有留下任何痕迹。在讨论“和平的埃迪卡拉生物群”这个话题时，水母在这个阶段扮演的角色总是令我困惑。斯普里格自己找到的化石并不是他认为的水母，但那段时期很可能有水母，只不过通常都没有留下痕迹。刺胞动物一般都有刺细胞，尤其是水母；所以，任何一个澳大利亚人都会同意，一片充满带刺水母的水域与和平的花园实在是相去甚远。

2015 年，英国伦敦皇家学会举办了一场关于早期动物和最早期神经系统的会议，“水母的刺细胞最早出现于什么时候”这个议题让与会者困惑。刺胞动物应该在埃迪卡拉纪甚至更早些时候就分出了两大演化分支，两边的动物都带有同一种刺。据此判断，刺胞动物的刺似乎在早期就已演化出现。刺胞动物的刺是它们的武器。这些武器是用于防御，还是攻击？埃迪卡拉纪时期，不论是现存刺胞动物的猎物还是敌人，都还不存在。那么这些刺是用来做什么的？我们还不知道。

即使埃迪卡拉生物并不像大家设想的那样平静地生活着，这时距离一个与之前非常不同的世界诞生，已经近在咫尺。

“寒武纪大爆发”发生在大约 5.42 亿年前。大部分现存的基本动物类型，都在这一连串相对突然的事件中出现。这些“基本动物类型”不包括哺乳动物，但包括以鱼的形态存在的脊椎动物，还有节肢动物，比如三叶虫之类有外骨骼且分节的生物，另外还包括蠕虫等其他动物。

为什么会发生“寒武纪大爆发”？为什么它还会发生得如此迅速？“寒武纪大爆发”之所以发生在这个时间点，也许和地球上的化学环境和气候变化有关。但这个过程本身，应该是受到了基于生物间互动的演化反馈的推动。寒武纪时期的动物以一种新的方式（尤其是通过捕食）成为各自生命的一部分。这意味着，一种生物演化了一点点后，这些演化会改变其他生物身处的环境，其他生物也会做出回应进行演化。从早期寒武纪开始，捕食行为肯定已经存在，同时还有捕食行为助长的其他行为，比如追踪、追赶和防御。当猎物开始躲藏或者防御，捕食者也会提高自己的追踪和压制能力，猎物也会相应提高自己的防御能力。一场“军备竞赛”就此开始。从寒武纪早期开始，那时的动物化石记录恰恰展示了埃迪卡拉生物没有的部分，比如眼睛、触角和爪子。神经系统的演化开始了一段新的征程。

寒武纪时期生物行为上的革新，很大程度上也是由于某种特定身体中潜在的各种可能都慢慢实现了。水母有头有尾，但没有左右之分，这种身体结构被称为径向对称身体结构。而人类、鱼类、章鱼、蚂蚁和蚯蚓都是两侧对称生物，也就是身体左右两侧对称的动物。我们有前胸和后背，因此有左右之分；我们还有头和脚。最初的两侧对称生物，或者至少某些早期的两侧对称生物，也许长这样：

我在它“头部”位置的两侧各画了一个眼点，虽然这样画会引起争议（而且我把眼点画得很大，实际上也许很小）。在描绘这些早期两侧对称生物时，我还是很慷慨的。

包括金伯拉虫（在前几页出现）在内的一些埃迪卡拉生物，也被认为是两侧对称生物。如果金伯拉虫是一种两侧对称生物，那么生活在寒武纪之前的两侧对称生物就已经比其他动物更活跃了。但是在寒武纪，它们更势不可挡。两侧对称的身体结构是为了方便移动，比如行走就非常依赖两侧对称结构；而且这种身体结构非常适合其他很多复杂的行为。寒武纪时期，生物之间的分化和纠葛大多发生在两侧对称生物之间。

在深入讨论两侧对称生物的演化之前，我们可以先暂停问一个问题：在非两侧对称生物中，哪种动物可以做出最复杂的行为？哪种最聪明？要想不带偏见地回答这类问题非常困难，但是在这个例子中，答案很明确。两侧对称生物之外，行为最复杂的动物就是骇人的箱水母。

因为水母身体柔软且少有化石记录，要想研究不同种类的水母演化自什么时期有些困难。不过现有研究认为，箱水母是后来演化出来的，大概演化自寒武纪或者更晚期。我之前提到过，刺胞动物的一个普遍特征是它们都有刺细胞。一些箱水母的刺针内有真正致命的毒液，毒性强到可以杀死一大群人。在澳大利亚东北部，因为箱水母的存在，海滩上一到夏天便空无一人；一年中的很长一段时间，除了那些用网隔离出的地方，任何游离海滩的行为都非常危险。更让人头疼的是，这些箱水母在水里很难被发现。它们的行为活动，在所有非两侧对称生物中堪称最复杂；它们的身体顶部有 24 只眼睛，和我们的眼睛一样，这些眼睛也有晶状体和视网膜。箱水母的游动速度能达到 5.6 千米 / 小时左右，有些个体能观察岸上的路标来确定方向。箱水母，非两侧对称生物演化的致命巅峰，也是这个从寒武纪开始的新世界的产物。

感 官

虽然在两侧对称的身体结构出现之前，神经系统就已出现，但这种身体结构为神经系统的使用创造了更多新的可能。寒武纪时期，动物间的关系在彼此的生活中变得更为重要。它们的行为开始以其他动物为导向，比如观察、捕捉和躲避其他动物。我们可以从早期寒武纪的化石中看到这些互动机制留下的痕迹：化石中的动物有了眼睛、触角和爪子。它们还带有明确代表移动能力的特征：长着腿和鳍。这些结构的存在并不代表这个动物会和其他动物接触，但爪子的功能没有争议。

在埃迪卡拉纪，动物身边也许围绕着其他动物，这些动物之间没有特殊关联。但是在寒武纪，每只动物都成了其他动物所处环境中很重要的一部分。这些生命之间的纠葛和它们的演化结果，都源于动物的行为活动和控制行为的机制。从这一刻起，心灵的演化便是为了回应其他的心灵。

当我写下上面这句话时，你也许会觉得“心灵”用在这里显得格格不入。我并不会在本章探讨这个问题。这句话的重点在于，动物的感官、神经系统和行为因为要对其他动物的感官、神经系统和行为做出回应，所以也开始演化了。一只动物的行为给其他动物的活动创造了机会，也对那些动物提出了要求。如果一只体长 90 厘米、游速很快的奇虾向你俯冲过来，这个长得像头部伸出两只贪婪触手的巨型蟑螂的家伙，已经摆好捕食姿势蓄势待发，这时你的求生方法就是意识到自己快要成为它的食物，转身就跑。

感官也许对寒武纪至关重要：这时候的生物开始感知周边的世界，尤其是注意到彼此。第一双复杂的眼睛，也就是能够成像的眼睛，似乎在这个时期出现了。寒武纪见证了两种眼睛的诞生，一种是昆虫的复眼，另一种是人类这样的相机眼。想象一下，你第一次看见周围的物体，尤其是那些距离较远和正在移动的物体后，给行为和演化造成的结果。生物学家安德鲁·帕克（Andrew Parker）认为，演化出眼睛是寒武纪时期最有决定性意义的事件。其他人也提出了一些不那么绝对的观点，但大概意思和帕克相似。古生物学家罗伊·普洛特尼克（Roy Plotnick）和他的同事表示，这些感官的出现就是一场“寒武纪的信息革命”。大量涌入的感官信息带来了处理复杂内部信息的需求。知道得越多，想要做出决策就变得更加复杂。（比如，是躲进这个洞还是那个洞才能更好地躲避奇虾的拦截？）能够成像的眼睛，使得没有眼睛之前无法开展的行为成为可能。

促成生物产生这些演变的反馈过程是如何开始的？我的埃迪卡拉纪导游吉姆·格林和英国古生物学家格雷厄姆·巴德（Graham Budd）提出了部分猜想。格林猜想，在埃迪卡拉纪末期，食腐行为开始出现，后来又出现了捕食行为。动物之前以铺在海底的一层微生物为食，然后变成了吃尸体，之后又开始捕食其他动物。就像巴德认为的，动物行为本身也会改变埃迪卡拉纪时期资源的分配方式。你可以想象这样一个世界：铺在海底像地毯一样的可食用微生物，就像一片无边无际的沼泽地，在你面前铺开。行动缓慢的食草动物在这片微生物毯上漫步，吃着千篇一律的食物。其他动物则在原地进食。这些动物后来成了一种新的食物。因为它们浓聚了大量有营养的碳化合物。这些碳化合物一块块地聚集在一起。起初，这些动物也许只会在死后被其他动物吃掉，但不久之后，食腐行为就成了捕食行为。

如果只看这些化石记录的表面，领跑食腐到捕食转变的，似乎是节肢动物。现存的节肢动物包括昆虫、蟹类和蜘蛛。三叶虫出现于寒武纪早期，这种原始的节肢动物身上有壳、带关节的腿和复眼。你可以在本书第 29 页的狄更逊水母化石的照片上发现，水母下方有两块小得多的化石，化石下方分别用字母标注了“A”和“B”。这些动物只有几毫米长，格林认为它们可能是三叶虫的前身：虽然它们的身体依旧柔软，但已经可以从中看出一些三叶虫身体结构的雏形。在这张照片上，这只狄更逊水母的形象符合这种动物在埃迪卡拉纪的标准样子，没有明显的肢体、头部或任何外壳，但打着如意算盘的小虫子会潜伏在水母下方。这张照片让我想起小时候读过的一本讲述恐龙和恐龙灭绝的书上的一幅画：一只巨型恐龙的脚下聚集着一群比它小很多、看上去不怀好意、长得像鼩鼱的动物。我想，这群动物正在对一堆恐龙蛋虎视眈眈。这些三叶虫的前身也在专心致志地紧盯着类似的目标，而位于它们上方长得像荷叶或浴室防滑毯的狄更逊水母，似乎浑然不觉。

另一位哲学家迈克尔·特雷斯特曼（Michael Trestman）也提供了一个有趣的思路来理解这些动物。他说，我们可以把这类能够快速移动、抓捕或操控物体的动物看作有着复杂主动身体（complex active body，简称 CABs）的生物。它们有能够多向移动的附肢，也有眼睛之类可以追踪远距离物体的感官。特雷斯特曼认为，只有三种主要动物群中的一些生物种类演化出了复杂主动身体。这些生物群就是节肢动物、脊索动物（和我们人类一样，神经管贯穿背部的动物）和软体动物的一种，也就是头足纲动物。这三种动物似乎囊括了很多种类，毕竟都是些我们立刻能想到的动物，但实际上，从很多方面来说，它们只涵盖了动物界这个大范畴下很小的一部分。动物界大约分为 34 门，根据动物的基础身体结构分类。只有三种门下包含一些有 CABs 的动物，而软体动物中只有头足纲动物有这样的身体。

回顾完这些动物演化史中的古老阶段，我现在继续讨论感觉-运动和动作塑造这两种关于神经系统及其演化过程的观点。我在上文中介绍了神经系统这两种角色的区别，用信号在社会生活中发挥的作用对比神经系统中的信号（即教堂司事和里维尔的故事以及划船的例子），指出神经系统扮演的这两种角色虽然截然不同，彼此并不矛盾。这两种角色的分化有什么历史意义？这种分化是自然而然地从埃迪卡拉纪到寒武纪，再到更近期的几亿年间发生的吗？神经系统扮演的角色似乎的确经历了某种变化。虽然从某种程度上说，追踪外界环境中的变化总是有益的，但是在寒武纪，这种行为对动物的生存更重要。外界环境中有更多值得被观察的事件或物体，也有更多需要针对观察到的信息给出反应的状况。哪怕稍有一次不注意观察，就可能被俯冲过来的奇虾吞食。所以，也许最初的神经系统的主要功能就是协调动作，比如首先提高古老刺胞动物的移动能力，然后塑造埃迪卡拉生物的行为动作。不过就算确实存在过这样的时期，到了寒武纪末期，这种仅仅主要负责协调动作的神经系统也已经荡然无存。

不过，我描述的只是很多可能性中的一种，毕竟我们以现在的身体结构活着，这也限制了我们的想象力，让我们忽视了更多其他的可能性。实际上，可能性很多，比如生物学家代特列夫·阿伦特（Detlev Arendt）和他的同事就提出过另一种。他们认为，神经系统起源了两次。他们并不是说神经系统起源于两种动物，而是认为神经系统演化自同一种动物的不同部位。你可以想象一只形如穹顶的类水母动物，它的口长在身体的下方，其中一套神经系统演化自它的顶部。这套系统可以追踪光线，但不会引导行为动作；它的作用是利用光线来控制身体节奏，调节激素。另一套神经系统的作用是控制移动，最初只能控制口部的动作。在某个阶段，这两套神经系统开始在体内移动，彼此之间形成新的关系。阿伦特认为，神经系统在体内的移动是推动两侧对称生物在寒武纪时期演化的关键事件之一。身体控制系统的一部分移到动物的顶部，也就是感光系统所在的位置。就像上面说过的，这种感光系统只会引导化学变化和循环，不引导行为动作。不过，这两种系统的结合赋予了它们新的角色。

这是多么惊人的画面啊：在漫长的演化过程中，控制身体移动的“大脑”爬向你的头部，和一些感光器官汇合，这些器官后来成了眼睛。

分　叉

在寒武纪之前，两侧对称生物的身体结构就已经以某种藐小、不起眼的形式存在，而且这种身体结构成了日后一系列更复杂行为依赖的身体支架。在本书中，早期两侧对称生物也扮演着另一种角色。在它们出现后不久（也许还在埃迪卡拉纪时期），千年来形成的无数演化分支上有一支出现了一次分裂。两侧对称动物中的某一群动物一分为二。最初顺着两条分支往后演化的动物也许长得像小而扁的蠕虫。它们有神经元，也许有单眼，但是并没有复杂的神经系统。它们的大小也许要以毫米计。

在这次“无伤大雅”的分裂之后，两边的动物又各自分裂，成为又一条庞大且持续分裂的分支上的祖先。其中一边演化出了包括脊索动物和海星之类令人意想不到的动物；另一边则演化出了涵盖面很广的无脊椎动物。这次分裂之前，就是我们和甲壳虫、龙虾、蛞蝓、蚂蚁、飞蛾等大量无脊椎动物最后共享的演化史。

42 页上的图就展示了生命树上的这段分裂。图上没有标注出分支上的很多动物。我们正在讨论的这段时期，以“分叉”标注在图中。

分叉之后，每条分支的下游都出现了更多分支。一边最终出现了鱼，接着是恐龙和哺乳动物——这一条便是通往我们人类这边的分支。在另一边，更远处的分支上出现了节肢动物、软体动物和其他动物。从埃迪卡拉纪到寒武纪再到更近的时期，这两条分支上的动物在生命的各个方面都更加纠缠在一起，感官更加开放，各自的

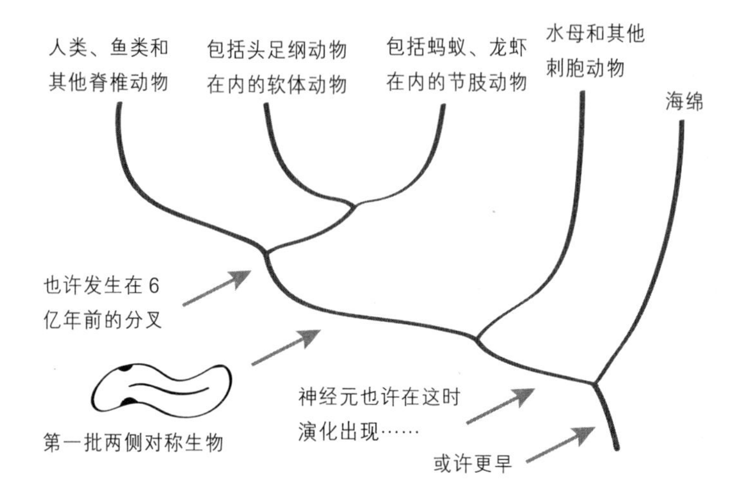

神经系统也都在扩张。直到（在一个能展现这种感官和行为纠缠的例子中）一只全身包裹着橡胶的哺乳动物和一只会变色的头足纲动物在太平洋中相遇，发现彼此注视着对方。

3
淘气且诡计多端

> 这种生物的明显特征是淘气且诡计多端。
>
> ——三世纪的埃里亚努斯如此描述章鱼

在一个海绵花园中

有东西在专心致志地看着你，你却看不见它们。接着你会莫名地被它们的眼睛吸引，然后注意到它们。

你正身处一个海绵花园，海底零星散落着像灌木丛般的亮橙色海绵。一只猫咪大小的动物和其中一只海绵纠缠在一起，身旁还绕着灰绿色的海藻。它的身体似乎无所不在，但所处的具体位置又让人琢磨不透。这只动物的大部分身体似乎都没有任何明确的形状，唯一能锁定你目光的就是一个小小的头部和两只眼睛。当你绕过那只海绵时，那双眼睛也在随着你的移动而转动；它们会与你保持距离，让海绵的部分身体阻隔在你俩之间。它身上的部分皮肤折叠在一起形成塔状的隆起，顶部的颜色几乎完全和海绵的橙色相仿，身体的其余部分完美融入周围的海藻。你不断游到它靠近海绵的一边，最终它高高昂起头，喷气把自己推走了。

我和章鱼的第二次相遇：它待在一口浅洞里。洞口散落着很多贝壳，其中还夹杂着一些旧玻璃碎片。你在洞口停下，和它注视着彼此。这只章鱼的体形较小，大概有一个网球那么大。你向前伸出手，伸出一根手指，这只章鱼也伸出腕来触碰你；它的吸盘吸附在你的皮肤上，紧得有些让人不安。固定好吸盘后，它拖住你的手指，轻轻地把你往洞中拉。这条腕上布满了大量传感器，每条腕的十几个吸盘中各分布着上百个传感器。这只章鱼一边把你拖向洞中，一边感觉着你手指的味道。这条腕上布满了神经元，很活跃，正在酝酿一大堆神经活动。在这条腕的后方，章鱼的一双大眼睛始终注视着你。距离第2章中描述的事件已经过去了数亿年，现在眼前的一切是动物演化到的又一个阶段。

头足纲动物的演化

章鱼和其他头足纲动物都属于软体动物，这个门下还有蛤蜊、牡蛎、蜗牛等其他很多动物。章鱼的故事也述说了软体动物的一部分演化史。在上一章中我们讲到了寒武纪，这一时期的化石记录中出现了很多不同种类动物的身体结构，其中很多动物门类（包括软体动物在内）在寒武纪之前肯定就已经存在，只不过软体动物演化出了壳，所以格外引人注意。

壳是软体动物应对动物生命中一次突然的变化而演化出来的，也就是对捕食行为的反应。当你突然被一群可以看见你，并且想吃掉你的生物包围时，你有不同的应对办法。软体动物独特的应对方法就是长出一副坚硬的外壳，开始生活在壳里或壳下。头足纲动物的这条分支可能要追溯到早期类似的软体动物，它们背着帽子似的硬壳在海底爬行。这种动物看起来有点儿像帽贝。帽贝是现存的一种杯状水母，颜色朴素，通常吸附在潮汐池的岩石上。随着演化史的推进，这种帽状的外壳像匹诺曹的鼻子一样慢慢拉长成号角状。这些动物体形很小，号角状的外壳不到 3 厘米长。和其他软体动物一样，它们的外壳下有长满肌肉的“脚”，可以稳固它们的身体，让它们能够沿着海底爬行。

接着，在寒武纪后期的某个时间段，一些软体动物从海底游入水体。在陆地上想要轻而易举地从地上飞到空中是不可能的，因为这样的移动需要依靠翅膀或者类似的身体结构。在海中你可以毫不费力地升起，随海水带去别处。

硬壳的尖端朝上，当其中充满空气时，外壳就从保护装备变成了浮力装置。早期的头足纲动物似乎就是这么做的。起初，让壳浮起来可以使爬行变得更省力，所以很多早期的头足纲动物可能半爬半游地在海底移动。有些游得高些，就在更高处发现了机会。只需要在壳中保留少量气体，一只帽贝就可以变成齐柏林飞艇。

一旦游向高处，原本用于爬行的“脚”就失去了作用。于是，飞艇状的头足纲动物就演化出了喷气推进机制，它们身上管状的虹吸管可以通过指向不同的方向来控制水流的流向。不再协助爬行的“脚”可以用来抓握或操控物体，其中一部分像开花似的长成了一簇触手——虽然对另一头被这些触手抓住的动物来说，用“开花”并不合适，因为其中一些触手会伸出十几个尖锐的钩子。头足纲动物往上游抢到的机会就是以捕食其他动物为生，自己成了捕食者。演化成捕食者的过程中，它们兴致盎然，演化出了很多不同的身形，既有竖直的也有螺旋状的外壳，最大的长达 5.5 米甚至更长。从短小的帽贝开始，头足纲动物演化成了海洋中最让其他动物闻风丧胆的捕食者。

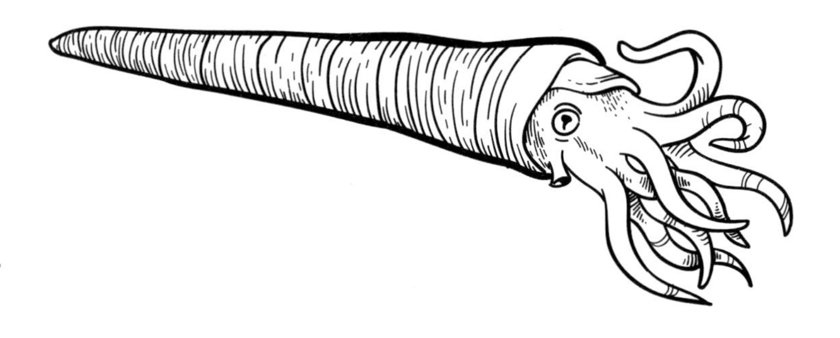

除了身形像齐柏林飞艇的头足纲动物，可能还有很多头足纲气垫船或坦克在海底潜行；不过这个时期的头足纲动物外壳过于笨重，无法携带到开放水域中。除了表面毫无杀伤力的鹦鹉螺幸存至今，其余的这类头足纲动物都已经灭绝。很多灭绝都发生在扰乱生命史的生物大灭绝期，也有一些捕食型头足纲动物被越长越大、防御能力越来越强的鱼类超越而灭绝。飞艇受到飞机的挑战，最终被飞机击沉。

然而，鹦鹉螺幸存了下来。没人知道原因。在本书的开头，我引述了一个夏威夷传说，这个传说认为章鱼是早期世界的“唯一幸存者”。真正的幸存者的确是一种头足纲动物，只不过它是鹦鹉螺，不是章鱼。现存的鹦鹉螺至今仍生活在太平洋里，与它们 2 亿年前的祖先相比并没有太大变化。它们生活在螺旋状的外壳中，食腐为生。鹦鹉螺长着简单的眼睛和一簇触手，在深海和浅水中游上游下，人们至今还在破解它们的游动节奏。它们似乎在夜间游得比较高，白天比较低。

头足纲动物的身体也发生了演变。在恐龙出现前的某段时间内，有些头足纲动物似乎开始抛弃它们的外壳。这个成为浮力装置的保护罩被头足纲动物抛弃、变小或内化成身体的一部分。外壳的消失使头足纲动物可以更加自由地游动，代价就是变得更脆弱。这样的演化看似是一场赌博，但是很多动物都采取了这种策略。我们并不确定“现代”头足纲动物最后的共同祖先是什么动物，但就在某个阶段，这种动物分裂成了两大分支：一条分支是有 8 条腕的章鱼，另一条分支是有 10 条腕的乌贼和枪乌贼。这些动物通过不同的方式减小它们外壳的体积：乌贼的壳被保留在体内，依旧发挥浮力装置的作用；枪乌贼体内也保留了一种被称为“角质内壳”的剑形结构；章鱼彻底抛弃了它们的外壳。很多头足纲动物都开始以柔软的身体在浅海礁石上生存，过着不受保护的生活。

最古老的可能是章鱼的化石，可以追溯到 2.9 亿年前。我之所以强调这种不确定性，是因为我们只有一片标本，而且这片标本的大小并不比岩石上的一个污痕大多少。此后的化石记录出现了空白，直到 1.64 亿年前才有了更清楚的例子：这块化石看上去毫无疑问就是一只章鱼，它有 8 条腕，摆着类似于章鱼的姿势。章鱼的化石记录不容易保存，所以很稀缺。不过，它们在某个阶段开始爆发。包括生活在深海和栖息在珊瑚礁下的章鱼在内，目前已知有

300 多种章鱼。它们中有身形短于 3 厘米的，也有重达 45 千克、腕撑开后有足足 6 米长的太平洋巨型章鱼。

以上就是头足纲动物身体的变迁过程，它们从埃迪卡拉纪马卡龙似的体形长成了帽贝似的贝类，最后演化成了捕食型气垫船和飞艇。之后它们抛弃累赘的体外贝壳，要么把外壳内化在体内，要么像章鱼一样彻底抛弃外壳。而走上这条演化之路的章鱼，也几乎失去了固定的体形。

对有着这种体积和复杂性的生物来说，彻底抛弃骨骼和外壳是一次不同寻常的演化选择。章鱼身上几乎没有任何一块硬质部位，它的眼睛和口就算是最大的硬质物体了，所以它可以把身体挤进一个只有它们眼球大小的洞中，能任意改变身体形状。在章鱼身上，头足纲动物演化出了一个有着无数可能的身体结构。

起稿这一章期间，我花了好些天在岩石浅滩上观察一对章鱼。我看见它们交配了一次，隔天下午的大部分时间里，它们看起来似乎静止不动了。雌性章鱼游远了些，太阳西下时又回到洞中。雄性章鱼待的地方更暴露，它在距离雌性章鱼所在洞穴不足 30 厘米的地方待了一天。当她回到洞穴时，他还在原地。

我断断续续观察了它们两个下午，之后暴风雨来了。狂风以近 100 千米每小时的速度拍打着海面，浪涛从南面滚滚而来。面对这般猛攻，章鱼所在的海湾只能提供微不足道的庇护。海浪扫过海湾口，海水变成了沸腾的白色汤汁。接下去的四天，这片海滩一直经受着暴风雨的鞭打。海浪重击礁石时，那些章鱼去哪里了呢？想要潜入海里看个究竟是不可能了。这样的天气对乌贼来说不是大问

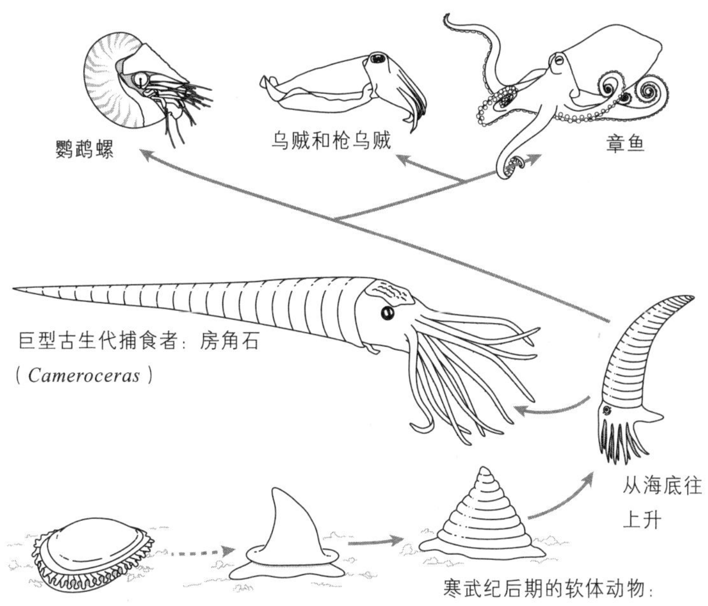

头足纲动物的演化：这张图没有按比例绘制，和实际大小相差很多，也不能代表物种间真实的谱系关系。这张图呈现了过去5亿年以来，头足纲动物身体形状的演化顺序，标记出了其中最重要的一些分支。我也将有争议的金伯拉虫看作头足纲动物的早期可能形式。类似于帽贝的早期寒武纪贝类动物属于单板纲动物（monoplacophoran）。下一个动物是一种小壳动物（*Tannuella*），它的壳已经分层。至于之后出现的原始螺类动物（*Plectronoceras*）到底是依旧待在海底还是已经升入水中，学术界意见各异。不过因为它的许多内部特征，这种动物常被认为是第一批"真正的"头足纲动物。房角石是一种巨型的捕食型头足纲动物。保守估计，它们的体长能达到5.5米左右。我们目前还不清楚章鱼和枪乌贼的祖先是哪种头足纲动物，不过和存活至今的带壳鹦鹉螺相比，那种祖先一定已经抛弃了它的外壳，现在已经灭绝。

题。天气变糟糕时，它们会消失几周：启动自己的喷气推动系统，游向深海中一些不为人知的地方。也许章鱼也会游入海洋的更深处，但它们更可能爬进某个岩石缝隙，在那里匍匐一段时间，就像它们的祖先从帽状贝壳的内部抓牢岩石一样。

章鱼的智力之谜

就在头足纲动物的身体向着它们现在的身体形态演化时，另一种转变也在发生：一些头足纲动物变聪明了。

“聪明”是个容易引起争议的词，所以我们最好谨慎理解这种变化。首先，这些动物演化出了庞大的神经系统，包括体积较大的大脑。到底有多大呢？一只真蛸（*Octopus vulgaris*，即普通章鱼）体内大约有 5 亿多个神经元，几乎以任何标准来论都是很庞大的数量。虽然人类拥有更多的神经元（大概有 1 000 亿之多），但是章鱼的体积较小，和很多体形较小的哺乳动物（比如狗）相近。头足纲动物的神经系统比其他任何非脊椎动物都大得多。

绝对大小很重要，但相对大小通常能带来更多有用信息。相对大小指的是大脑体积和身体体积的比例，通过这个比例，我们可以知道一只动物“投资”了多少在自己的大脑上。可以通过称重来比较，而且只计入大脑中的神经元。即使用这种方式测量，章鱼的得分也很高，虽然不及哺乳动物，但大概在脊椎动物的得分范围内。不过，生物学家认为，测量尺寸大小只能为我们了解动物的脑力提供粗略的指南。有些动物的大脑结构和其他的并不一样，它们有更多或更少的突触，突触的复杂程度也有差异。在近期关于动物智力的研究中，最让人惊讶的发现是，有些鸟类非常聪明，尤其是鹦鹉和乌鸦。从绝对大小来看，鸟类的大脑比较小，但脑力很强。

我们试图比较两种动物的脑力时，也会发现一个问题：没有任何单一、合理的标准来衡量智力。动物的生境和生存方式都不一样，所以各有所长。我们可以用工具箱类比：大脑就像控制行为的工具箱。人类世界不同行业的工具箱既有一些共同的元素，也很多样。在动物身上发现的所有工具箱都包括了某种知觉，虽然不同动物收集信息的方式不一样。所有（或几乎所有）两侧对称生物都有某种记忆模式和学习方式，它们可以用过去的经验来应对现在的经历。它们的工具箱内有时候包含解决问题和规划的能力。有些工具箱比其他的更复杂也更耗费精力，但工具箱在不同方面都可以很精巧。某种动物也许有更强的感官，另一种动物也许有更复杂的学习能力。不同的动物可以依靠不同的工具箱生存。

当我们比较头足纲动物和哺乳动物时，这种缺乏单一衡量标准的比较显得更加棘手。章鱼和其他头足纲动物都长着极其精致的眼睛，大致构造和我们人类相似。大型神经系统的两种演化实验都演化出了相似的视觉机制，但那些眼睛背后的神经系统有着非常不一样的构造。当生物学家观察一只鸟、一只哺乳动物甚至一条鱼时，他们能把两种不同动物大脑中的很多部分相互对应起来。脊椎动物的大脑都共有一种结构。当我们比较脊椎动物和章鱼的大脑时，所有可以对应的部分都消失了。它们和我们的大脑之间没有任何可以对应起来的部分。的确，章鱼甚至都没把体内的大部分神经元集中在大脑内部，大多分布在腕上。综上所述，了解章鱼有多聪明的办法就是观察它们能做什么。

我们很快就遇到了谜题。也许导致这个问题的关键在于，有两方面的数据不一致：一方面是关于章鱼学习能力和智力的实验数据，另一方面是关于动物行为的一系列趣闻逸事和一次性报告。这样的不一致在动物心理学中很常见，但在章鱼的研究中，这样的不一致尤为棘手。

章鱼在实验室接受测试时能非常出色地完成任务，当然也没有表现出爱因斯坦那样的高智商。它们可以学会在简单的迷宫中移动；还可以根据视觉线索在两个环境之间判断出自己曾经身处何处，然后选择一条正确的路线去到那里；也能学会转开罐子的盖子来获取罐中的食物。但在所有这些实验情境下，章鱼的学习速度都比较缓慢。你在阅读“成功开展的”实验论文的附注时会发现，实验进度慢得让人头疼。不过，和各种各样的实验结果相比，章鱼的趣闻逸事说明章鱼的智力远不止于实验室中呈现的这些。我觉得最让人着迷的就是章鱼适应新环境或者特殊环境（比如被关在实验室里）的能力，它们能把周围的设备化为己用。

早期（大概在20世纪中期）很多关于章鱼的研究都在意大利的那不勒斯动物园完成。哈佛大学的科学家彼得·杜斯（Peter Dews）主要研究药物和行为之间的相互作用。他对学习能力感兴趣，在章鱼研究中他完全没用到药物。杜斯的研究受他在哈佛的同事伯勒斯·弗雷德里克·斯金纳（Burrhus Frederic Skinner）的影响；斯金纳关于“操作性条件反射”（即通过奖惩来学习行为）的研究，为心理学带来了变革。“成功的行为可以被不断重复，不成功的行为会被摒弃”的观点最初由爱德华·桑代克（Edward Thorndike）在1900年左右提出，但斯金纳为这个观点丰富了很多细节。和其他很多人一样，杜斯因为斯金纳能把动物实验处理得既严谨又精准而受到了启发。

1959年，杜斯对章鱼进行了一些学习和增强反应的标准实验。章鱼也许和人类这样的脊椎动物关系很远，但它们和我们会不会有着相似的学习方式？比如，它们是否学到，拉扯以及放开杠杆就能得到奖励，然后能自发地做出这个动作？

我通过罗杰·汉隆（Roger Hanlon）和约翰·梅辛杰（John Messenger）的《头足纲动物的行为》（*Cephalopod Behaviour*）第一次接触到杜斯的研究。那本书简述了他开展的实验。汉隆和梅辛杰评价道，拉扯和放开杠杆是章鱼在海洋中绝对不会做出的行为，他们认为杜斯的实验并不成功。因为对实验过程产生了好奇，我回去读了杜斯那篇发表于1959年的论文。我注意到的第一件事就是，从实验的主要目标看，这个实验是成功的。杜斯训练了三只章鱼，发现它们都学会了操纵杠杆获得食物。当它们拉扯杠杆时，一盏灯会亮起，它们会得到一块沙丁鱼肉作为奖励。杜斯说，其中两只章鱼艾伯特和贝尔特伦能“十分一致”地完成任务。第三只章鱼查尔斯的行为不太一样。尽管查尔斯在这个测验中勉强及格，它应对处境的方式浓缩了关于章鱼行为的大部分传说。杜斯写道：

> 1. 当艾伯特和贝尔特伦一边自由浮动，一边轻轻操纵杠杆时，查尔斯把一部分触腕吸附在水族箱上，把另一部分触腕缠

在杠杆上，再向杠杆施加很大的力。杠杆被掰弯了好几次，在第 11 天被掰断。实验被迫提前结束。

2. 挂在稍高出水面处的灯不能吸引艾伯特或贝尔特伦太多的“注意”；但查尔斯不断用触腕用力地缠在这盏灯周围，想把灯拽进水族箱。这种行为显然和拉扯杠杆不相符。

3. 查尔斯总会把水流喷出水族箱，而且总是冲着实验人员。它的眼睛长时间停浮在水面上，谁接近水族箱，它就喷谁。这种行为严重干扰了实验的顺利进行；很明显，这种行为也和拉扯杠杆不相符。

杜斯冷冷地总结道：“在这只动物身上，引发连续且用力拉扯台灯和喷射水柱这些行为的变量还有待研究。”杜斯的用语，比如“引发……的变量”等，表明他的思路（或者至少他的写作思路）依旧沿着 20 世纪中期动物实验的假设。他推测，如果查尔斯朝实验人员喷水并且想带着台灯逃走的话，一定是因为它过去的某段经历强化了这种行为。这种观点认为，同一种动物刚出生时的行为都是一样的，如果之后偏离了彼此，一定是因为各自经历了带有奖励（或惩罚）的经历。这就是杜斯的研究框架。然而，章鱼实验传达出了一条信息：个体间的行为差异很大。查尔斯很可能并不是一只起初和其他章鱼行为一致、之后被一些经历强化了喷水行为的章鱼，它可能就是一只性格非常易怒的章鱼。

杜斯发表于 1959 年的这篇论文，是最早一批在严格控制条件的实验中探究动物行为，却发现了章鱼个体行为差异的研究。大量动物研究都在这样的假设下完成：同一物种内（也许还会限定在同一性别内）的所有个体在得到不同的奖励之前，行为都非常相似，之后它们每天都会不停地或啄或跑或拉扯一根杠杆来获得相同的少量食物。和其他很多人一样，杜斯选择这种研究方式，是因为他坚定地选择了“客观的量化研究方法”。我也全心支持这种方法。然而和老鼠以及鸽子非常不同，章鱼有自己的想法。就像本章开篇引言中提到的埃里亚努斯的话，章鱼“淘气且诡计多端”。

章鱼最著名的趣闻逸事，就是关于逃跑和偷窃的，比如水族箱里的章鱼会在夜间突然对隔壁的水族箱发动攻击以获取食物。这些故事除了听着有意思之外，并不能突出展示章鱼的高智力。虽然进出隔壁的水族箱需要费点力气，但水族箱本身和潮汐池没有太大区别。我发现过一个更让人着迷的行为：至少有两家水族馆的章鱼学会了关灯。它们在无人看管的情况下，向灯泡喷射水流使灯短路。在新西兰的奥塔戈大学，章鱼喷水使灯短路的行为给实验增加了太多成本负担，实验人员最后只好把它们放归野外。德国的一个实验室也遇到了同样的问题。章鱼的这些行为看上去的确非常聪明。然而，我们也可以从更日常的角度解释这种行为。章鱼不喜欢亮光，就像彼得·杜斯发现的那样，章鱼会向任何惹恼它们的物体喷射水柱。因此，向灯光喷射水柱的行为也许并不怎么需要解释。没有人类观察它们的时候，章鱼也更倾向于漫游到离它们洞穴很远的地方，对着灯泡这个特别的物体喷射水柱。从另一方面来说，我读到的这两个相似的故事都给人一种印象，章鱼可以非常迅速地明白它们的行为是否可行，比如是否值得准备就位、瞄准灯泡让它短路。

应该可以设计一个实验来测试这些对章鱼行为的不同解释。

这个例子说明了一个更普遍的事实：章鱼有能力适应特殊的圈养环境，还能和饲养员互动。野外的章鱼基本都独居。大多数章鱼几乎没什么社交生活（不过我会在下文中讨论一些异类）。在实验室中，它们经常能迅速明白如何在新环境中生活。比如，人们很早就发现章鱼能识别不同的饲养员，据此表现出不同的行为。这么多年来，很多实验室都传出过类似的故事。起初，这类故事只被当作趣闻逸事。还是在新西兰那个有章鱼不停关灯的实验室，一只章鱼没有明显缘由地讨厌其中一名实验室工作人员。每当她路过水族箱后的走廊时，章鱼就会从她背后向她的脖子喷射近两升的水柱。在戴尔豪斯大学谢利·阿达莫（Shelley Adamo）的实验室里，有一只会对着来到实验室的任何新访客喷射水流的乌贼，但它并不会向实验室的常客喷水。2010年，一项实验证实了太平洋巨型章鱼确实可以认出不同的人，甚至在穿着统一服装的条件下也能分辨。

哲学家斯蒂芬·林奎斯特（Stefan Linquist）曾经在一个实验室研究过章鱼行为，他表示："当你研究鱼类时，它们并不知道自己正身处水族箱这样的非自然环境。但是章鱼就完全不同，它们知道自己身处这个特殊的环境，也知道你在水族箱外。它们所有的行为都因为意识到自己被圈养的事实而受到影响。"林奎斯特的章鱼会把自己的水族箱折腾得乱七八糟，它们会操控和测试这个水族箱。他曾经遇到过一个麻烦：他的章鱼会故意把自己的腕伸进水族箱的出水阀堵住水流，这么做也许是为了使水位升高。后来整个实验室都被淹了。

宾夕法尼亚米勒斯维尔大学的琼·博尔（Jean Boal）也给我讲了一个能解释林奎斯特观点的故事。博尔是出了名的最严谨、最有批判精神的头足纲动物研究者之一。她以缜密的实验设计闻名，她坚持认为，只有当实验结果能用最简单的方式来解释时，我们才能假设头足纲动物有“认知”或者“思想”。和很多研究者一样，博尔也有很多关于头足纲动物的故事，这些故事以令人费解的现象呈现了这些动物的内在思想。其中有一件事已经在她的脑海中萦绕了十多年。章鱼喜欢吃蟹类，但实验室通常会喂它们解冻好的虾或枪乌贼。章鱼会花点儿时间来适应这些二流食物，最终也适应了。一天，博尔正走过一排排水族箱，给每只章鱼喂一块解冻好的枪乌贼。走到头后，她就原路返回。然而，第一只水族箱里的章鱼似乎在等她。那只章鱼没有吃掉自己分到的那块枪乌贼，而是用一种引人注目的方式握着食物。博尔站在原地，只见这只章鱼慢慢地穿过水族箱游向有流出阀的那一边，同时一直目不转睛地盯着博尔。到达流出阀时，它还是盯着博尔，然后把那块枪乌贼碎块扔进了排水管。

和其他所有章鱼对着实验人员喷水的故事一道，博尔的故事让我想起了自己亲眼看过的一件事。被关起来的章鱼有时会尝试逃跑，逃跑时总能准确无误地选中实验人员没注意到它们的时候。如果你在一桶水中放入一只章鱼，它有时候看上去很怡然自得地待在水中；但只要你稍不留意，只消一秒钟，你回头就会看到这只章鱼悄悄地在地上爬。

我一直以为自己在过度想象章鱼的这种行为，直到几年前听了全职研究章鱼的戴维·谢尔（David Scheel）的一场讲座。谢尔也留意到，章鱼似乎能用一种微妙的方式注意到他是否在观察它们，会在他没注意到它们的时候逃走。我认为这种行为可以算是章鱼的自然行为，毕竟章鱼会选择在梭鱼没有注意到它们的时候逃走，而不是在注目之下落荒而逃。但章鱼能如此迅速地对着人类（不管戴没戴水肺面罩）做出这些行为，还是让人非常刮目相看。

这类故事越积越多后，我们就有了另一种解释去说明标准学习实验中章鱼表现得有好有坏的实验结果。通常认为，章鱼在这些标准实验中表现得并不格外出彩的原因在于，实验要求的行为并不是章鱼的自然行为。（汉隆和梅辛杰就是这么评价杜斯的拉扯杠杆实验的。）但实验室环境中的章鱼行为说明，这些“不自然的行为”对它们来说并不难实现。章鱼可以转开罐子来获取里面的食物，并且曾经有章鱼被拍到从内部打开罐子。没有比这些更不自然的行为了。我认为彼得·杜斯这个古老实验的问题在于，这些科学家认为章鱼会对不断拉扯杠杆来获取沙丁鱼、一块块地收集这些二流食物之类的行为感兴趣。老鼠和鸽子会这么做，但章鱼不会狼吞虎咽，它们处理每块食物的时间较长，可能吃不饱，容易对这种行为失去兴趣。至少对这些章鱼中的某些个体来说，从水族箱上方拽下台灯拖回洞中——这种行为更有趣。对着研究人员喷水也更有趣。

很遗憾的是，为了应对激发动物积极性时遇到的困难，有些实验者选择给章鱼用电击这样的负增强方式，用得比在其他动物身上更加肆无忌惮。早期在那不勒斯动物站进行的章鱼研究，很多都虐待过章鱼，这其中不仅限于使用电击，很多研究人员还移除了章鱼的部分大脑，或者切除了重要的神经，就是为了观察它们醒来后的行为。直到最近，有些研究还会在没有麻醉的条件下给章鱼做手术。因为它们不是脊椎动物，所以不受反虐待动物的相关法律保护。对认为章鱼有感知能力的旁观者来说，很多这样的早期实验记录读起来非常痛心。不过，过去十年间，尤其在欧盟地区，约束实验室对待动物行为的法律常常会把章鱼列为“荣誉脊椎动物”。算是一次进步。

另一种从趣闻逸事引入实验研究的章鱼行为就是玩耍，为了与物体互动而与物体互动。头足纲动物研究的创新者詹妮弗·马瑟（Jennifer Mather）和西雅图水族馆的罗兰·安德森（Roland Anderson）完成了第一次研究章鱼玩耍行为的实验，目前正在进行细致的研究。水族箱中的一些章鱼（仅限于一些）会花很多时间通过喷气来吹动它们周围的药瓶，还会通过从进气阀流出的水流上下“颠”瓶。总体上，章鱼对任何新物体的兴趣都源自味觉：“我可以吃这个东西吗？”不过，它们发现某个物体不能吃后，并不总会失去兴趣。迈克尔·库巴（Michael Kuba）近期的实验室结果表明，章鱼可以快速识别出不可食用的物体，而且常常仍然有兴趣探索和操控这些物体。

探访章鱼城

在第一章中我描述了马修·劳伦斯在澳大利亚东海岸发现的章鱼居住地。马修探索这片海湾时会从小船上抛下锚，潜入海底捡起锚，让漂浮在海面的船引导他在海底上方漫游。（我要补充的是，独自潜水不是个好主意。为了防止意外，马修潜水时还另外带了一套氧气罐。但即使有这样的准备，我也不赞同独自潜水。）2009年，他游到一片贝壳滩附近，看到那上面栖息着十几只章鱼。它们似乎并没有受他到来的影响，马修在一旁看着，它们依旧在贝壳滩上漫游或互相打闹。

马修记录下这片贝壳滩的GPS坐标，开始定期拜访这个地方。他会观察这些章鱼，和它们互动。它们看上去并不在意马修的存在，有些还会好奇地游到马修身边，和他玩耍或者探索他的装备。不一会儿，马修的相机和氧气软管的上方就围过来了好几只章鱼。其他章鱼忙着互相打闹。有时候马修能目睹到一种类似于“霸凌”的行为。当一只章鱼安静地待在自己的洞穴里时，一只体积更大的章鱼会来到它的洞穴前，跳到洞穴顶部，和洞穴里的这只章鱼展开激烈的搏斗。不断变换颜色抽搐了一阵后，洞穴下方的章鱼会披着暗淡的肤色像火箭一样飞出洞穴，在几米外的贝壳滩外围着陆。那只侵略者则会漫步回洞穴。

随着时间一点点过去，马修越来越习惯和这些动物接触。在我看来，这些章鱼现在会区别对待马修。有一次在距离这片贝壳滩较近的地方，一只章鱼抓住了马修的手，拖着马修离开。马修在后面跟着，就好像被一个体型很小的长着八条腿的孩子引导着横穿海底一样。这段旅途持续了10分钟之久，最后在那只章鱼的洞穴前结束。

马修虽然不是生物学家，但他也能觉察到自己观察到的这个地方可能不同寻常。他在一个头足纲动物爱好者和科学家常用的资讯平台网站上传了一些照片。生物学家克里斯蒂娜·赫法德

（Christine Huffard）看见了这些照片，她问我是否知道这个地方。我读到马修的发现时很震惊。马修的这片贝壳滩距离悉尼只有几小时车程，等我再次回到悉尼后，我联系上马修，开车去和他会面。

我发现，马修是一名狂热的水肺潜水爱好者。他把自己的空气压缩机存放在车库里，在那里自行配置混合浓缩气体来给自己的氧气罐充气。很快，我们就突突地开着小船来到那片海湾中心的一个地方。马修在那里抛下锚，我们一起顺着锚线向深海游去，周围只有一些小鱼在观察我们。

这个现在被我们称为“章鱼城邦”的地方，距离海面大约 15 米。靠近这个地方之前，你都很难发现它，周围的海底并没有特别之处。有些扇贝一小簇一小簇地零星散落着，有些独处一处，各种海藻在沙堆上摇曳。我第一次来这里时是冬天，海水冰冷刺骨，周围也很寂静。那次我们只发现了四只没什么动静的章鱼。即使看着萧条，我也能觉察到这个地方不同寻常。正如马修所说，这里有一片贝壳滩，直径约几米，上面似乎沉积着不同年代的贝壳。一个高约 30 厘米、带壳的岩石状物体矗立在贝壳滩中间，被这里体形最大的章鱼占据为自己的洞穴。我对这地方进行了一些测量，也拍了点照片，之后一有时间就再回到这里。很快，我就看到了马修第一次潜入这个地方时遇到的众多章鱼和它们的复杂行为。

如果我们有足够的氧气和时间，我不知道我可以在那里待上多久。这片贝壳滩上的生物都活跃时真是让人如痴如醉。这些章鱼待在贝壳间各自的洞中，和其他洞穴中的章鱼相互对视。它们时不时地会费力地从洞中爬出来，移动到贝壳滩或者更远的沙滩上。有些章鱼路过其他章鱼时不会引发争端，但有的章鱼会从洞中伸出腕戳一下路过的章鱼或者胡乱摸一通。被骚扰的章鱼也许会用一条或两条腕回击，这种回应有时候能提前终止战争，每只章鱼各回各位，各走各路；但有时候这种反击也会挑起一场摔跤比赛。

下面这张照片拍摄于这片贝壳滩的边缘。你能从图中大概了解到这些动物长什么样。图中的章鱼是郁蛸（*Octopus tetricus*），只有澳大利亚和新西兰有这种体形中等的章鱼。图中这只算是体形较大的章鱼，从海底到它背部末端最高处大概稍稍不到 60 厘米。图中的它正在冲向图片外（在它右方）的另一只章鱼。

接下来的这幅照片拍摄于贝壳滩上。图左的章鱼正在扑向图右的那只，后者正伸展开八条腕准备逃跑。

下图展示了一场更加像模像样的打架，发生在贝壳滩边缘的沙滩上：

为了研究贝壳滩的变化，我带了一些塑料桩钉到海底，以此标记这片贝壳滩的大致范围。这些桩子长约 20 厘米，我在每根塑料桩上绑了较重的金属螺钉来增加重量。我在东西南北四个端点把这些塑料桩钉得很深，每段桩只有 3 厘米左右露出沙面。它们很不起眼，除非知道确切位置，否则很难发现它们。几个月后我再次来到这片贝壳滩，发现其中一段塑料桩被拖出来了，丢在一个较远的章鱼洞穴周围的碎片堆中。我想，章鱼们很快就发现这段塑料桩不能吃，而且认为它没什么用，不能作为路障。但相比于我们带到水下的卷尺、相机和很多其他东西，塑料桩这个新事物似乎能引起章鱼的兴趣。

章鱼会因为更实用的目的操纵新鲜事物。2009 年，一群印度尼西亚的研究人员惊讶地发现，野外的章鱼会背着两瓣椰子壳，当成便于携带的庇护所。这些椰子壳一定是被人类切开后丢弃的，切口非常平整。章鱼把这些椰子壳有效地利用了起来。两片椰壳可以套在一起，章鱼就可以把椰壳塞入身体下方，拎着移动，踩高跷似的穿过海底；它们也可以把两片椰壳拼成一个球，然后藏在里面。很多动物都会把自己找到的物体当成庇护所（比如寄居蟹），也有一些动物会用工具收集食物（比如黑猩猩和几种乌鸦）。但像章鱼这样拆卸和组装一个“复合物”来使用的行为非常少见。实际上，大家都不清楚应该把这种行为和什么进行比较。很多动物筑巢时都会把不同的材料组合在一起，很多巢穴可以算是“复合物”。但是那些动物没有拆卸、随身携带和重新组装自己的巢穴。

这种把椰壳当作庇护所的行为，展示了那些在我看来表明章鱼智力的特征，清楚呈现了章鱼是如何演化成聪明的动物的。章鱼的聪明在于它们的好奇心和灵活性，富有冒险精神，善于抓住机会。介绍完这些基本信息后，我可以更详细地探讨章鱼在动物界和演化史中的角色了。

在前一章中，通过借用迈克尔·特雷斯特曼的一些观点，我说过在这么多不同的动物身体结构中，只有三门动物中的一些物种有着“复杂主动身体”，它们是脊索动物（比如人类）、节肢动物（比如昆虫和蟹类）和一小群软体动物，也就是头足纲动物。在寒武纪早期，也就是大约 5 亿年前，节肢动物最先演化出这种身体结构。这个过程也许启动了一系列演化反馈过程，也很快出现在其他所有动物身上。节肢动物最先演化出这种身体结构，接着是脊索动物和头足纲动物。

撇开人类不谈，我们可以发现另外两组动物的演化路径并不一样。很多节肢动物都擅长社会生活和协调彼此的行动。不是所有的节肢动物都有这样的特长（它们中的大多数也确实不擅长），但从行为看，节肢动物取得的大多数杰出成就都是社会性的。这点从蚂蚁和蜜蜂的群落以及白蚁的通风白蚁墩中尤其可见一斑。

头足纲动物不一样。它们从没上过岸（虽然其他一些软体动物会上岸），演化出复杂行为的时间也许比节肢动物晚，最终演化出了更大的大脑。（这里我把一个蚂蚁群落视为很多长着大脑的生物，而不是把它们看成一个整体）。在节肢动物中，非常复杂的行为倾向于通过很多个体的合作实现。一些枪乌贼有社会性，但它们的社会性和蚂蚁、蜜蜂的社会组织完全不一样。除了几种枪乌贼外，其他头足纲动物演化出了一种非社会性的智力形式。最重要的是，章鱼走上了一条具有独特个性的复杂演化道路。

神经系统的演化

现在就让我们更仔细地观察章鱼的内部结构，还有这些行为背后神经系统的演化过程。

粗略判断，大型大脑的演化史呈 Y 状。在 Y 的分叉中心，就是脊椎动物和软体动物最后的共同祖先。从这里开始继续发展出了很多分支，我只单独列出了其中两条，一条演化出我们，另一条演化出头足纲动物。有哪些特征在早期阶段就已经出现，能够保留到后来的两条分支内？位于 Y 分叉中心的祖先一定已经有神经元。它也许是一种只有简单神经系统、身形如蠕虫的生物。它也许有单眼。它的一部分神经元也许聚在身体的前方，但它身上不会有类似于大脑的结构。从那个阶段开始，神经系统的演化开始在不同的分支上各自独立进行，包括演化出不同结构的大型大脑的两条分支。

我们这片谱系上出现了脊索动物的结构。有脊索的动物，大脑在脊索的一端。这种结构在鱼类、爬行动物、鸟类和哺乳动物身上都可以见到。另一边是头足纲动物那一支，演化出了不同的身体结构和神经系统。头足纲动物的神经系统比我们更分散，不那么中心化。无脊椎动物的神经元经常聚集起来形成神经节。神经节是分布全身且彼此相连的结节状构造。这些神经节可以成对分布，由那些横竖穿过全身的神经束相连，像经纬线一样。这种神经系统有时候被称为“梯状”神经系统，因为看起来确实像一个嵌入体内的梯子。早期的头足纲动物也许就有这种形状的神经系统，所以当它们的神经元在演化过程中成倍增加时，倍增发生了。

在这样的扩张过程中，一些神经节变得更大更复杂，一些新的神经节开始出现。集中在动物前端的神经元形成了一种越来越像大脑的部位。原本呈梯状的结构中有一部分已经消失，不过也只是一部分。头足纲动物神经系统的基本结构仍然非常不同于人类。

也许最奇怪的是，头足纲动物的食道，也就是把食物从嘴部输送到体内的管道，是从它们脑的正中穿过。这样的结构看起来完全不正确，显然大脑就不该出现在那个位置。如果章鱼吃了什么尖锐的东西，那个东西刺破了它的“咽喉”，也就直接刺入了它的脑。章鱼确实遇到过这个问题。

还有一点很奇怪，头足纲动物的大部分神经系统不在它们的大脑内，而是遍布全身。章鱼体内的大部分神经元分布在它们的腕上，数量几乎是它们脑部神经元的两倍。它们的腕上有自己的感应器和控制器。这些感应器和控制器不仅能感知触感，还能通过嗅觉和味觉来感知化学物质。章鱼腕上的每只吸盘上都分布着 1 万多个处理味觉和触觉的神经元。即使是一条被切除的腕，也能进行伸手、抓握等基本动作。

章鱼的大脑是如何和它的腕连接在一起的呢？早期无论是行为学还是解剖学研究，都给人留下一种章鱼的腕都非常独立的印象。把每条腕连接回中央大脑的神经通路似乎非常窄。一些行为学研究让人觉得，章鱼甚至把握不到自己每条腕所处的位置。就像罗杰·汉隆和约翰·梅辛杰在他们的《头足纲动物的行为》一书中写到的，至少从章鱼对一些基本动作的控制来看，它们的腕似乎以一种“不寻常的方式”独立于自己的大脑。

每条腕的内部协调也可以非常优雅。章鱼拽起一块食物后，腕底端的抓握动作会激发两波肌肉活化，一波从腕的尖端向内输送，另一波从基部向外输送。这两波肌肉活化相遇的地方会形成一个临时的关节，就像一个临时的臂肘。每条腕的神经系统内也包括神经元回路（术语叫回路连接），这种回路可以为腕提供一种和短期记忆有关的简单结构，不过这种系统对章鱼的作用目前还有待研究。

在某些情况下，尤其在有必要的时候，章鱼所有的腕会齐“心”协力。就像我们在本章开头读到的，你在野外遇见并靠近一只章鱼，在它面前停下时，至少有些种类的章鱼会伸出一条腕来打探你。章鱼在观察你的同时常常会伸出第二条腕，但除此之外，其他腕不会再伸出体外。这种行为体现了一种谨慎的态度，说明这是一种经大脑指导的行为。下图是我在章鱼城拍摄的视频中选取的一帧，这张图像也能展现章鱼的谨慎态度。图中的一只章鱼正扑向右边的一只章鱼，它只举起一条腕来抓住敌人。

章鱼的神经系统也许用的是某种局部和大脑混合控制的方式。据我了解，研究这一问题所做的实验中，最好的尝试由耶路撒冷希伯来大学的本雅明·霍赫纳（Binyamin Hochner）实验室主导。塔马·古尼克（Tamar Gutnick）、露丝·伯恩（Ruth Byrne）、迈克尔·库巴（Michael Kuba）和霍赫纳在2011年合作发表的论文里描述了一个设计得非常巧妙的实验。他们提出了这样一个问题：章鱼能否学会在迷宫一样的路径中引导单独一条腕到达特定的地方获

取食物？设置这个任务时，研究人员有意让章鱼无法靠腕上的化学物质感应器找到食物的所在地，而且为了到达目的地，它的腕还需要在某一刻离开水面。不过，因为迷宫墙是透明的，所以章鱼可以透过墙体看到目的地。章鱼需要用眼睛引导自己的那条腕穿越迷宫。

这群章鱼花了很长一段时间学习通过眼睛引导腕，最终所有参与测试的章鱼几乎都成功了。它们能靠眼睛引导自己的腕。同时，这篇论文还指出，章鱼顺利执行这个任务时，负责寻找食物的腕似乎在前进的同时还在进行局部探索，比如爬动和感受周边环境。因此，章鱼身上似乎有两种不同的控制系统在彼此配合：一个是通过眼睛来控制腕的整体行进路线的中枢控制系统，另一个是结合腕自身的、能微调具体搜索行为的局部控制系统。

身体与控制

一只普通章鱼体内有5亿个神经元，它们为什么需要这么多？这些神经元对章鱼有什么用？在上一章中，我强调了这种机制下的消耗。为什么头足纲动物会遵循这样一条不同寻常的演化之路？没人知道答案，不过我会介绍一些可能的答案。某种程度上，这个问题几乎涉及所有的头足纲动物，本书只集中讨论章鱼。

章鱼是捕食者，采用的捕食方式不是在埋伏中等待，而是到处游动。它们到处游来游去，常在礁石间和浅海海底游动。动物心理学家在试图解释大型大脑的演化过程时，通常会从观察动物的社会生活入手。社会生活的复杂性似乎经常使动物发展出较高的智力。章鱼不是社会性动物。在本书的最后一章，我会探讨一些社会化程度相对较高的章鱼，但是社会生活只在它们的日常活动中占很少一部分；章鱼到处漫游和捕食的行为，似乎是使它们演化出高智力的更重要的因素。为了进一步完善这个观点，我将对灵长类动物学家凯瑟琳·吉布森（Katherine Gibson）在20世纪80年代提出的一些观点进行改进。她曾经试图探索一些哺乳动物演化出大型大脑的原因，但并没有考虑过把这些解释应用在章鱼之类的动物身上。我认为，她的观点也许适用于解释章鱼大脑的演化。

吉布森区别了两种不同的觅食方式。一种是只食用一种不需要怎么处理的食物，而且每次都可以用同样的方式觅食。吉布森以抓捕飞虫的青蛙为例。她把这种觅食方式和“采摘式”的觅食方式进行比较，“采摘式”会根据环境做出不同的选择，能去掉起到保护作用的外壳取出食物，灵活且因势而变。我们可以把青蛙和黑猩猩放在一起比较。黑猩猩会四处寻找不同的食物，找到坚果、种子和洞穴中的白蚁后，很多都要处理过才能吃到。吉布森描述的这种灵活而又费时费力的觅食方式，和章鱼的行为相符。蟹类是很多章鱼的最爱，但章鱼食性较广，还吃扇贝、鱼（或其他章鱼）等各种动物。很多时候，处理带壳或其他防御部位的食物都很费时费力。

戴维·谢尔主要研究太平洋巨型章鱼，他会把整只蛤蜊喂给章鱼。然而，威廉王子湾的本地章鱼平时并不吃蛤蜊，谢尔需要教这些章鱼处理新的食物，所以他会敲碎一部分蛤蜊递给章鱼。之后他再递给章鱼一只完整的蛤蜊时，章鱼就知道这是食物了，但它并不知道如何取出其中的肉。这只章鱼会尝试各种方式，比如对着蛤蜊壳打钻，用自己的口削壳的边缘，用尽全身解数来处理这只蛤蜊。最终这只章鱼发现，纯粹靠力气就可以打开蛤蜊：足够使劲就可以把壳掰开。

这种捕食和觅食行为很好地体现了章鱼善于探索的特性，还有它们的好奇心，尤其在和新鲜事物的互动上。乌贼和枪乌贼处理食物的方式相对简单，和它们相比，上面这些特性更适用于解释章鱼的行为和演化。有些乌贼的大脑体积非常大，从身体的相对比例来看比章鱼的还大。这一事实现在还让人非常困惑；和对章鱼的关注相比，大家对乌贼的行为还了解甚少。

虽然从惯常的认识来看，也就是花很多时间和其他章鱼相处的这个角度看，章鱼并不太社会化。但它们作为捕食者，和其他被捕食动物之间的互动一定程度上是“社会化的”。在那些情况下，动物需要根据其他动物的行为或视角来调整自身的行动，包括其他动物能看见什么，它们可能做什么。种群内部对“社会”生活的要求，和有些捕食和避免被捕食的行为有相似之处。

章鱼生活方式上的特征，可能算是章鱼庞大神经系统演化故事中的一部分。我现在想提出另一种观点。在第二章中讲述神经系统的演化时，我比较了感觉 -运动和动作塑造这两种观点。动作塑造的观点大家不太熟悉，这个观点的发展并非一蹴而就。它的核心理念是，最初的神经系统是为了解决生物内的协调问题而出现的，也就是如何把身体不同部分的微观行为统一成整个身体的宏观行为，而不是在感官输入与行为输出之间进行协调。

面对这些协调身体的要求，头足纲动物——尤其是章鱼的身体非常独特。软体“足”部分演化成了大量没有关节或没有壳的触手后，章鱼要面对的就是一堆很难控制的笨拙器官。只有有效地控制这些触腕，它们才会变得非常有用。章鱼失去了几乎所有的硬质部分，这既是挑战，也是机遇。它们能够在大范围内移动，但前提是把那些触腕协调得井井有条。面对这样的挑战，章鱼并不是集中统一处理的，而是形成了混合了局部控制与中枢控制的神经系统。也许有人会说，章鱼把每条腕都变成了一个中等规模的参与者。但章鱼也能从脑部自上而下地发出指令，控制这套遍布全身、庞大而复杂的神经系统。

在神经系统的早期演化中，纯粹地协调身体各部分也许是很重要的需求，现在还扮演着重要的角色。它们也许是促使章鱼体内神经元倍增的主要原因，那些神经元仅仅是为了使章鱼便于控制自己的身体才存在的。

也许，“解决协调问题”这个理由能够解释神经系统的大小，但不能解释章鱼的智力和灵活行为的由来。一只协调良好的动物也可以毫无创造性。研究章鱼的更全面的方法，也许就是把有关动作塑造的观点和我先前借用的吉布森关于觅食和捕食的观点结合起来，这样可以一并解释动物的创造性、好奇心和感官敏度。或者这个故事会更偏向某一个特定观点发展：为了协调身体，章鱼演化出了一套庞大的神经系统；然而神经系统太过复杂，很多其他方面的能力也作为副产物出现，或作为应动作塑造的需求而生的简单附加物。我用了“或”这个字（副产物或附加物），但在这里绝对是“和／或”的意思。有些能力也许是副产物，比如识别不同人的能力，但其他改变（比如解决问题的能力）是章鱼大脑为了应对充满机遇的生活方式而演化出来的。

在这种解释中，神经元最初开始倍增是因为身体有需求，过了一段时间后，章鱼一觉醒来便有了一个能做更多事的大脑。当然，从演化角度看，章鱼表现出某些令人惊叹的行为纯属巧合。你可以再回想一下那些被圈养的章鱼做出的令人惊讶的行为，它们的淘气、狡猾，还有和人类的互动。章鱼似乎也存在精神过剩的状况。

相似与差异

我描述了目前已知的动物早期演化史，如何在一次分叉之后，一支通向了人类这样的脊索动物，另一支通向了包括章鱼在内的头足纲动物。现在就让我们仔细评估比较一下这两条演化分支的发展历程。

最有戏剧性的相似点就是眼睛。我们的共同祖先也许已经有了一副眼点，但是还没有长出像我们这样的眼睛。脊椎动物和头足纲动物各自独立演化出了“相机”眼，这种眼睛有一对能把图像聚焦在视网膜上的晶状体。头足纲动物和人类也都演化出了学习不同行为的能力。通过奖惩训练和在可行或不可行中试错来学习，这种能力在动物史上独立演化出了好几次。如果这种能力在人类和章鱼的共同祖先身上就已经存在，在之后分叉出的两条分支上就演化得更加复杂了。章鱼和人类在心理上也有着更微妙的相似之处。和我们一样，章鱼似乎也有短期记忆和长期记忆。它们还会和既不是食物也没有明显用处的新鲜事物玩耍。它们似乎也会睡觉。乌贼好像会经历类似于快速眼动期睡眠的阶段，就是我们人类睡下后会做梦的那个阶段。（目前还不清楚章鱼有没有近似于快速眼动期睡眠的过程。）

其他的相似之处更抽象。例如和个体接触的过程与识别出特定人类个体的能力有关。我们的共同祖先肯定没有类似的能力。（很难想象那样简单、渺小的生物里有些什么。）如果章鱼是社会化的或一夫一妻制的动物，那么它们有识别个体的能力还算合理。但章鱼既不是一夫一妻制（它们只会偶尔交配），也似乎没有很社会化。我观察这些聪明的动物如何应对它们所处的世界时学到了一些东西，这里我可以分享一例。章鱼会把某个物体切成其他形状，但无论切割后的物体如何变化，章鱼都可以再次识别出它们。我觉得这是章鱼心智的一个惊人特征，惊就惊在它对事物的熟悉感，这是它们与我们的相似之处。

还有一些特征既显示了章鱼和我们的相似性，也表现出了差异性。我们有心脏，章鱼也有。不过，章鱼有三个心脏，而不是一个。它们的心脏会泵出蓝绿色的血液，用含铜离子的血蓝蛋白来输送氧气，而不是用让我们的血液呈现红色、带铁离子的血红蛋白。当然，章鱼身上也有像我们一样庞大的神经系统，不过结构不同，身体和大脑之间的关系也有别于我们。

章鱼有时候被认为能很好地体现*具身认知*（embodied cognition）的重要性。这是心理学领域的一股思潮，其中的观点受到机器人学的影响。该理论发展之初不只是为了应用在章鱼身上，而是广泛应用在包括人类在内的动物身上。一个中心观点就是，我们应对周边环境时表现出的一些“聪明”的特性，其实源自我们的身体，而不是大脑。我们身体本身的结构能够记录周边环境的信息和我们的应对方式，所以并不是所有信息都需要储存在大脑中。比如，我们四肢的关节和角度就使得行走之类的行动自然而然地出现。学会如何行走就和合适的身体结构有关。正如希勒尔·奇尔（Hillel Chiel）和兰达尔·比尔（Randall Beer）说的，动物的身体结构既带来了约束，也创造了机遇，去指引它们的行为动作。

一些章鱼研究者就受到这种思路的影响，尤其是本尼·霍赫纳（Benny Hochner）。霍赫纳相信，这些观点能够帮助我们理解章鱼和人类之间的差异。章鱼有着不同的*具身性*，导致它们在心理层面与我们不同。

我同意霍赫纳提出的最后一点。然而，具身认知运动学说并不能有效地解释章鱼奇特的生活方式。具身认知的拥护者常说，身体的形状与结构会记录信息。但这就要求动物的身体有一个形状，章鱼的身体形状相比于其他动物更不固定。章鱼既可以靠腕支撑直立，也可以钻进一个只比它眼睛大一点的洞里；它们既可以化身为流线型导弹，也可以把自己折叠进一个罐子。当奇尔和比尔等具身认知倡导者举例说明身体可以如何给智能行为提供资源时，他们提到身体不同部位（能够协助感知）之间的距离，还有关节的位置和角度。然而，章鱼的身体上没有任何那些东西：它们身上各部位之间没有固定的距离，也没有关节或自然的姿态角度。再者，关于具身认知的讨论通常会强调“是身体而非大脑”，章鱼并不能这么二分。我们只有把章鱼体内的神经系统看成一个整体来研究才能得到更多信息，而不是仅仅把它看作大脑：目前还不清楚章鱼的哪一部分可以划出来作为它的大脑，它的神经系统又遍布全身。章鱼全身都很敏感，它的身体并不能分成由大脑或者神经系统控制的不同部分。

的确，章鱼有一种“不同的具身性”，但它的具身性实在太不寻常，无法用这个领域的任何标准观点去解释它。关于具身性的辩论通常在两种观点间展开，一种把大脑视为万能的CEO，另一种认为身体本身也能储存智力。这两种观点的区别在于，知识的累积是基于大脑还是身体。章鱼无法被归入这两种标准观点中的任何一种。它的具身性阻碍了它去做那些具身认知理论通常会强调的行为。某种程度上，章鱼是去具身化的。虽然这个词听起来是指“没有肉身的”，但这显然不是我的用意。章鱼有一个身体，一个肉体。但是它的身体千变万化，充满各种可能；那些带有各种约束和能引导动作的身体所带来的利弊，章鱼的身体都没有。章鱼，生活在身体–大脑的二分之外。

4
从白噪声到意识

是怎样一种感觉

当一只章鱼是怎样一种感觉？当一只水母呢？会有怎样的感觉？哪些动物最早感觉到自己是一只章鱼或水母呢？

在本书的开头，我引述了威廉·詹姆斯对于理解心灵“连续性”的呼吁。我们身上这种复杂的体验形式，是从其他生物更简单的形式中衍生出来的。詹姆斯说，意识肯定不是突然以一种完整的形式闯入这个宇宙。生命的历史充满了过渡时期、被其他物种超越的经历，还有很多灰色地带。心灵的演化大多也遇到了相同的状况。知觉、动作和记忆，所有这些能力都是从早期的生物和不完整的形式中慢慢形成的。假设有人提问：“细菌真的能感知它们周边的环境吗？蜜蜂真的能记得发生了什么吗？”这些问题并没有准确的“是或不是”的答案。对周边环境的敏感度，是从微乎其微的形式平缓过渡到更复杂的形式的。我们不该从“这个过程能明显分段”的角度来思考这些问题。

对于记忆、知觉和其他种种能力，我们用渐进主义的态度去理解它们是合理的。然而问题的另一面是主观经验，是我们对自身存在的感受。很多年前，托马斯·内格尔（Thomas Nagel）在试图指出主观经验的神秘性时，用了“是怎样一种感觉”这个词组。他问道：“当一只蝙蝠是怎样一种感觉？”当一只蝙蝠也许像某种感觉，但这种感觉一定和作为人类的感受千差万别。“像”（like）这个字有误导性，因为这是在暗示：主观经验的问题取决于比较和相似性，也就是这种感觉像那种感觉。关键并不在于相似性，而是我们作为人类能感觉到很多生命活动。我们对醒来、仰望天空和吃等行为都有感觉，这才是我们需要去理解的。但我们从演化和渐进主义的角度去理解时，会遇到奇怪的问题。生物能感觉到自身的存在，这种感觉本身是如何慢慢演化实现的？动物怎么会处在有感觉到自己是某种动物的中间地带？

经验的演化

我的目标是在这些问题上取得一些进展。我没有宣称完全解决这些问题，而是试图把我们带到距离詹姆斯设定的目标更近的地方。我把接下来要讨论的主题设定为*主观经验*，即我们能够感受到自己生命的这个事实，这是我们需要解释的最基本现象。人们有时候会把对主观经验的解释当成对*意识*的解释；他们把主观经验和意识视为同样的东西。然而，我认为意识只是主观经验的一种形式，不是唯一的形式。以疼痛为例能够解释我区分这二者的用意。我不知道枪乌贼能否感觉到疼痛，也不知道龙虾和蜜蜂能否感觉到疼痛。我提这个问题是为了理解：枪乌贼是否能感觉到损伤？损伤能使它们感觉到不舒服吗？现在，这些问题常常被用来提问枪乌贼是否有意识。这种表达方式在我看来有误导性，似乎对枪乌贼要求太高。如果枪乌贼或章鱼自身能感觉到什么，用以前的术语来说，它们就是有感知力（sentient）的生物。知觉在意识之前演化出现。那么，知觉从哪里来呢？

知觉并不像二元论者（dualist）认为的那样，是灵魂之类的物质以某种方式加入了物理世界；它也不像泛心论者（panpsychists）相信的那样存在于宇宙万物中。知觉的出现伴随着动物对外界的感觉和行为的演化；它和一个能感觉周围世界、拥有独特视角的生命系统有关。采用这种思路来思考知觉的演化问题，我们会立刻陷入一个困惑：这些能力广泛存在，即使在那些通常被我们认为没有知觉能力的生物身上也找得到。就像我们在第 2 章中看到的，就连细菌都能够感应周边世界，相应地采取行动。我们可以这样解释，对刺激物的反应和生物间化学物质受到调控的流动都是生命的基本组成部分。除非我们能得出“所有生物都多多少少有一些主观经验”这个我认为并不算疯狂，但很需要探讨的结论，否则我们就要了解：动物应对世界的方式一定有什么特别之处，才使得它们出现了关键的不同。

回答这个问题的方法之一，就是讨论不同生物的复杂性，以及它们应对世界的不同方式的复杂性。但复杂性有很多种，我们需要确定更具体的主题。我接下来会讨论这样一个因素。虽然我确定这个因素是知觉演化史中的一部分，但要了解它到底适用于哪一部分并不容易。在动物的演化过程中，随着感觉和动作演化得更加复杂，这些活动之间也出现了新型连接，尤其是那些关于循环和反馈的连接。

下面会提到一些你我这样的生物熟悉的事实。你下一步的行动会被你现在能感受到什么影响；你接下来会感受到什么也被你现在的行动影响。你在读书，然后翻页，翻页的动作会影响你看到的内容。对环境的感受和行动会互相影响。我们对此非常了解，能够讨论，不过这两者间的相互纠葛也会从更根本的层面影响你对事物的感觉，某种原始意义上的“感觉”。

我们以给盲人设计的触觉替代视觉系统（TVSS）为例。在这个系统中，一台摄像机接在一块垫子上，这块垫子固定在盲人的皮肤上（比如固定在他们的背部）。摄像机录入的光学图像被转化成一种能用皮肤感觉到的能量形式，比如震动或者电流刺激。佩戴者经过一些训练后，陆续开始表示摄像机能让他们感受到物体位于空间内的感觉，而不仅仅是通过皮肤感受到的一种触感。比如，你佩戴这种系统行走，一条狗路过你身边，摄像系统会在你的后背上制造出按压或震动。但是在某些情况下，你并不会感受到背部的震动，而是会感受到你面前有一个物体正在离你远去。不过，这种情况只会在穿戴者能够控制摄像机、能够应对和影响接收到的外部刺激时才发生。这种设备的使用者需要能把摄像机移近物体、改变拍摄角度等。要做到这些，最简单的方法就是把摄像机固定在使用者身上，这样就可以把画面中的物体放大，让物体进出摄像机的拍摄范围。在这里，使用者的主观经验和运动、感官输入之间的互动紧密相连。感官与运动之间的即时反馈会影响感官输入本身的感受。

虽然运动影响知觉的观点看起来很寻常，大家都很熟悉，但在过去的很多个世纪，哲学家们并没有格外重视这个观点。在哲学领域，这个观点在主流观点之外的非正统领域。近些年来还是这样。相比于在这个观点上取得一些进展，哲学家们大量的研究工作都在处理这一大幅画面中很小的一块。很多研究都在探讨通过感官进入体内的东西和由此得出的思想或信念之间的联系。很少有关于感官和运动之间联系的研究，连关于运动如何影响感知的研究都很少见。

一些哲学家一直都不喜欢心灵研究理论中对感官输入和感受性的迷恋。然而，他们的回应是全盘否定这种感官输入的重要性，然后试图讲一个有自决能力的生物的故事，关于它如何作为源头融入世界。这种思路矫枉过正，仿佛哲学家一次只能集中处理一边的问题。认识到感官和运动之间存在一种来回和交流是很重要的，但显然并不容易做到。

我们的日常生活中有两条因果弧。一条是把我们的感官和运动联系起来的感官-运动弧，另一条是运动-感官弧。为什么要翻页？因为这样做会影响你接下来将看到的内容。第二条弧并不像第一条那样受到严格控制，因为它并不只在皮肤下，而是延伸到了体外，延伸到了公共空间。当你翻页时，有人也许抢走了你的书或抓住了你的手。感官-运动弧和运动-感官弧的路径并不对等。然而虽然运动-感官弧经常作为次等弧被忽视，它对我们接下去会感受到什么也肯定重要。说到底，这就是我们能做这么多事情的原因：控制我们之后会感受到的内容。

哲学家经常会用到经验流这个比喻。他们说，经验就像一条河，我们都浸没其中。不过这个比喻很有误导性，因为河水的流向完全不受我们控制。我们也许可以改变自己的位置，比如从一个地方游向另一个，这样能使我们稍加控制自己即将遇到的境况。但是在现实生活中，我们能做的通常远不止这些；我们可以重塑和我们互动的事物本身。当我们单独站在河中，做什么都改变不了河流本身。

你的感受有两个来源：一个是你刚刚的行为动作，另一个是你体外这个更大的世界将要发生什么。这种因果关系大体上如下图所示。

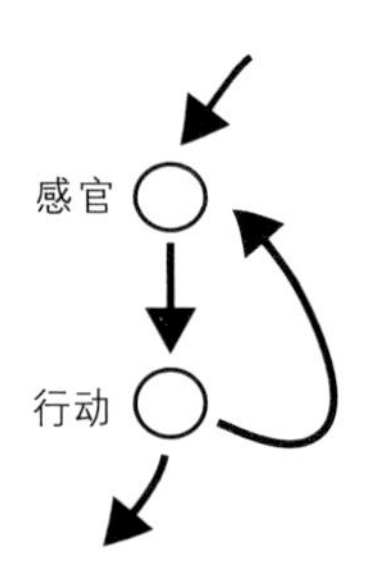

有两个箭头指向感官。这两个箭头在不同环境下会扮演不同的角色，有时候两个箭头的重要性有差别，但它们几乎都会同时存在。

把行动连接回感官的回路不仅我们身上有，结构非常简单的生物身上也有。但这些回路在动物身上表现得更显著，因为动物可以做更多事。肌肉从细胞内微小的纤维状部分演化而来，给予了生物在世界中展示自己的新方式。所有生物都会通过制造或转换化学物质来影响它们所在的环境，有时候它们的成长和移动也会带来影响，但是，肌肉让生物可以在大空间范围内快速、连贯地做动作。肌肉让动物能够操纵物体，也让我们能够刻意、快速地改变周边环境。

这些回路的因果关系从很多方面影响了动物的演化。当动物试图理解它周围发生了什么时，这些回路经常会导致一个问题。比如，一些鱼会发出电脉冲和其他鱼交流，也会通过电脉冲来感知周围正在发生的其他事。然而这些自制的脉冲也会影响它们自己的感官，鱼也许难以区分自己发出的脉冲和外界环境的电气骚扰。为了解决这个问题，每释放一次脉冲，鱼就会把这个指令的副本发送到感官系统，使系统可以抵消自身脉冲造成的影响。鱼会追踪和记录“自己”和“他者”的区别，会把自己的行为对感官的影响和周围环境带来的影响区分开来。

自身没有电脉冲的动物也会遇到类似的问题。就如瑞典神经科学家比约恩·默克尔（Björn Merker）指出的，这是动物有移动能力后带来的后果。当某个东西碰到一条蚯蚓时，蚯蚓会退缩，因为这样的接触对它可能是一种威胁。但是每次蚯蚓向前蠕动时，它身体的一部分也会以相同的方式被碰到。如果它每次被碰到都退缩，就永远都无法向前移动了。蚯蚓之所以能成功地向前移动，是因为它抵消了自己触碰到自己所造成的影响。

所有生物的“自身”总是和“外界”分开，哪怕生物自己意识不到这点。所有生物都会影响它们体外的世界，不论它们自己是否会注意到。不过，很多动物自己注意到了这种区分与交互，因为如果没有注意到，它们的行动会变得非常困难。植物的不同之处在于，它们虽然有丰富的感官，但不移动。细菌虽然能移动，但它们结构简单的感官并不会像默克尔的蚯蚓那样让自己困惑。

知觉和行为的互动也可以在心理学家命名为知觉恒常性（perceptual constancy）的现象中看到。对我们来说，无论视角怎么变化，都可以识别出同一种物体。你靠近或远离一张椅子的过程中，通常不会觉得这张椅子的大小在变化或者在移动，因为你已经默默矫正了视觉上的外观变化。这些变化中有的是你的行为导致的，有的是光线变化之类的外部条件所致。很多不同种类的动物都有知觉恒常性，包括章鱼、一些蜘蛛和脊椎动物。这种能力也许是在几个不同的动物种群中独立演化出来的。

经验感受的演化还会通向整合。信息流从不同的感官进入体内，被一并放在同一个画面内。这可以用我们自身生动举例；我们体验这个世界的方式是把我们的所见、所闻和所触摸到的结合在一起。我们的经验通常是一幅统一的图景。

因为眼睛和耳朵都长在脑袋上，所以感观经验的统一看似是必然结果。然而事实并非如此。这只是感官相连的一种方式，而且有些动物并不像我们这样完整地整合感受。比如，很多动物的眼睛位于头部两侧，而不是正面。这些眼睛的视野相互独立，要么只有少部分交集，要么完全独立于彼此，而且每只眼睛都只与大脑的一侧相连。在这样的动物身上，科学家可以很容易就通过蒙住它们的其中一只眼睛来研究每一边能看到怎样的视野。接着我们可以问一个答案似乎显而易见的问题:“如果我们只向其中一侧大脑展示某个物体，另一侧也能得到信息吗?”这里我们讨论的对象并不包括受伤或内部结构发生改变的动物，因此大脑两侧都保留着全部连接。大家一般都认为，信息能够到达大脑的另一侧。为什么动物会演化成只让半边大脑知道它看到了什么?但当我们以鸽子为研究对象探索这个问题时，我们会发现，信息并没有传输到大脑的另一侧。研究人员训练鸽子蒙着一只眼睛完成一个简单的任务，所以每只鸽子都被迫用另一只眼睛完成同样的任务。有一个研究用了9只鸽子，其中8只都没有表现出任何的“眼间转移”。看上去是整只鸟都学会的技能，实际上只有半只鸟会，另外一半完全不知道。

这些实验也在章鱼身上做过。一只章鱼起初被训练只用一只眼睛完成一个视觉任务，然而只有在可以用这只眼睛观察的测试中，章鱼才会记起这个任务。随着训练次数增多，章鱼才能用另一只眼睛完成任务。章鱼和鸽子不同，因为章鱼能够把信息传输到大脑的另一侧；章鱼和我们人类也不同，因为章鱼无法像人类一样轻而易举地把信息传输到大脑的另一侧。近些年来，的里雅斯特大学的乔治·瓦罗提加拉（Giorgio Vallortigara）等动物研究人员就发现了很多相似的信息处理“裂缝”，它们和大脑两侧的分离有关。很多物种似乎都对出现在它们视野左方的捕食者反应更强烈。一些鱼类，甚至是蝌蚪，似乎都偏爱找准一个特定的位置，这样它们的同类就会出现在左方。另一方面，很多动物寻找食物时，更善于感知右边的状况。

这样的专门分工似乎会带来明显的劣势，比如动物的一边更容易受到攻击，或让动物难以在某一侧找到食物。但瓦罗提加拉和其他人认为，这样的构造也许是合理的。如果不同的任务需要不同的处理方式，那么与其把大脑两侧过于紧密地连接在一起，每一侧能专门应对各自的任务才最理想。

这些发现让我们联想到关于“裂脑”人的实验。有时候切除严重癫痫病的胼胝体能帮助病人缓解症状。胼胝体是连接左右两侧大脑半球的结构，占据大脑的上半部分。经历这些手术之后，病人往往表现得相当正常；过了一段时间后，研究人员才意识到这种手术会导致某种异常状况。如果这种病人两边的大脑半球接收到不同的刺激，两侧经常会出现很剧烈的不协调。经过手术之后，同一个头骨内似乎出现了有着不同感受和不同技能的两个智能个体。左侧的大脑通常控制语言（虽然并不一直都这样）。你和一个裂脑患者说话时，她左侧的大脑会回应你。虽然右侧的大脑通常不会说话，但它能控制左手，所以右脑可以通过触碰来选择物体，也可以把看到的东西画下来。在好些实验中，实验人员分别给大脑两侧展示了不同的图片。如果询问被测者他们看到了什么，他们的口头回答会遵循左侧大脑看到的图片，但控制左手的右侧大脑也许会给出不同的答案。这种在裂脑人身上看到的特殊心智功能分裂现象，好像在很多动物的生活中都很常见。

动物似乎有很多方式来应付这样的状况。鸟类接收到的视觉信息比我上文描述的蒙眼实验中的信息更碎片化。在鸽子这样的鸟类身上，每一片视网膜上都有两块不同的“区域”：黄区和红区。红区能看见面前很小一块双眼都可见的区域，黄区能看见更大一片只有单眼可见的区域。鸽子不仅无法在双眼之间传送信息，也无法很好地在同一只眼睛内的不同区域之间传送信息。这也许能解释鸟类特有的一些行为。玛丽安·道金斯（Marian Dawkins）曾经做过一个实验：她给一只母鸡展示了一个新鲜事物（一把红色的玩具锤子），允许它靠近和打探这个物体。她发现，母鸡会迂回地靠近这种物体，似乎是为了让每只眼睛的不同部位都能看见这个物体。这显然是它整个大脑认知物体的方式。鸟类演化出这种迂回式的观察方式，是为了把接收到的信息晃到不同的部位。

从某种程度上说，一个生物身上不同的知觉必然会统一：一只动物是一个整体，也是一个要让自己活下去的肉体。然而从其他方面来说，知觉的统一是一个演化选项，可以算是一种成就或者“发明”。对经验的统一，甚至仅仅是整合两只眼睛获取到的不同信息，这是可能演化出来，也可能演化不出来的。

后来者与转型

我接下来要讲的故事展现了一种渐进式演化：当感知、行动和记忆变得更加复杂，经验也相应变得更加复杂。人类自身的经历表明，主观经验并不是一个全有或全无的东西。我们知道很多种半意识状态，比如刚从睡梦中醒来。在不同的时间点醒来也是演化的结果。

但这些认识可能都是错的。从简单的早期形式逐渐发展出主体性，这是很多演化选择中的一种选择，但是我们现在掌握的最有力的证据告诉我们：事实并非如此。而这个有力的证据，就来自人类自己的大脑。

这个观点源自一次事故。1988 年，一台劣质淋浴热水器引发的一氧化碳泄漏事件导致一位女士中了毒，她的大脑受到了损伤。通过已有的资料，我们只知道她被简称为“DF”。这个事故的结局就是，DF 感觉自己几乎完全失明了。她失去了所有通过视觉感受形状和物体轮廓的能力，只能感受到模糊的色块。尽管如此，她依旧可以非常高效地根据自己周围空间内的物体行动。她可以把信投入一个可以变换开口角度的投递口。但她无法把具体的角度描述出来，也不能用手指出来。从主观经验的角度看，她完全看不到这个投递口，但是她能把信件准确地塞进去。

视觉科学家戴维·米尔纳（David Milner）和梅尔文·古德尔（Melvyn Goodale）全面研究过 DF 的案例。他们把 DF 和其他脑损伤案例以及早期的解剖学研究联系在一起，提出了一套能解释人类正常大脑和 DF 之类的特殊情况的理论。他们认为，大脑中有两条传播视觉信息的“通道”。腹侧通道偏大脑下方，负责分类、识别和描述物体。背侧通道在腹侧通道上方，靠近大脑顶端，负责空间内的实时导航，比如指引你走路时绕过障碍物，或者协助你把信投入投递口。米尔纳和古德尔认为我们视觉的主观经验，也就是对视觉世界的感觉，仅仅依靠腹侧通道形成。在 DF 和我们身上，背侧通道的运作都是无意识的。那次意外之后，DF 失去了她的腹侧通道，所以即使她能绕过面前的障碍物，也还是觉得自己失明了。

对上面这些例子有一个简单的解释：你需要腹侧通道才能感知到任何出现在你眼前的事物。但这个解释也许过于简单了。很有可能背侧通道也有某种形式的感知能力，只是这种感觉并不像“看见”那样强烈。相比于关于这两条信息通道的细节，这项研究中有一个更让人惊讶的重要发现：非常复杂的视觉信息处理，也就是把信息从眼睛传输到大脑、腿或手的处理过程，可以发生在主体无法用看的方式感受信息的情况下。米尔纳和古德尔把这个发现和我上文写到的感官信息整合联系在一起。他们认为，让我们脑内形成视觉感受的大脑活动，就是建立起了一个关于外部世界自洽的“内部模型”。认为这样会对主观经验造成影响，这个想法当然合理。但是，没有这样的模型，就完全不会有任何主观经验了吗？

米尔纳和古德尔讨论了不同的动物，这些动物对世界的感知整合度并不如我们。20 世纪 60 年代，戴维·英格尔（David Ingle）通过手术调整了一些青蛙的神经系统结构（这个实验的成功得益于青蛙强大的神经系统再生能力）。通过交叉青蛙大脑中的一些神经，他制造出了一只特殊的青蛙：当猎物位于这只青蛙的右边时，它反而会向自己的左侧吐舌捕食，反之亦然。这只青蛙会以一种左右颠倒的方式观察猎物，然而这种对部分视觉系统的交叉调整并没有影响到青蛙全部的视觉行为，它们依靠视觉绕过一个障碍物时仍然表现得很正常。它们的行动仿佛表明，自己视觉世界中的一部分颠倒了，但其余部分保持正常。以下就是米尔纳和古德尔对这个现象的评述：

> 所以这些被重塑神经系统的青蛙“看见”了什么呢？这个问题无法用任何符合常理的答案来解释。只有当你相信动物大脑中有一套关于外部世界的单一视觉表征来控制动物的所有行

为时，这个问题才有意义。英格尔的实验表明，这种单一表征的观点不可能正确。

一旦你接受了青蛙没有一套统一的对世界的表征，而是有各自独立的处理不同信息的通道，你就不会再问青蛙看到了什么。用米尔纳和古德尔的话说，“谜题消失了”。

一个谜题也许消失了，但是另一个谜题又出现了。那么，当一只用这种方式感知世界的青蛙是怎样的呢？我想，米尔纳和古德尔会认为：没有任何感受。青蛙不会有任何感受，因为青蛙的视觉机制不同于我们产生主观经验的机制。

在某种层面，米尔纳和古德尔的看法展示了这个领域中相当一部分研究人员当下支持的一个观点。从生物的感受这个角度看，感官可以“在沉默中”运作，动物也可以“在沉默中”行动。接着，在演化的某个阶段，动物演化出了更多能力，这些能力确实让动物产生了主观经验：接收信息的感官通道汇集在一起，形成了一个外部世界的“内在模型”，对时间和自身的认知也随之出现。

根据这个观点，我们经历的是这个世界的内在模型，而这个模型也正是由我们复杂的行为活动制造与维持的。猴子、猿、海豚，也许还有其他哺乳动物和部分鸟类的大脑开始出现感觉，或者至少说，动物演化出那些能力之后，感受也渐渐出现。根据这个观点，我们在想象有主观经验、结构更简单的动物时，是把自身感受削弱后再投射到它们身上的。这种思路是错误的，因为那些动物身上并不具备产生人类感受的特征。

神经科学家斯塔尼斯拉斯·德阿纳（Stanislas Dehaene）也为类似的观点辩护过。过去20年间，德阿纳就这一问题在巴黎附近的实验室进行过一系列透彻的研究。他和同事们研究了很多年意识边缘的知觉：比如，他们拿着图片在研究对象眼前一晃而过，快到研究对象不知道看到了什么；又比如，在研究对象转移注意力时向他们出示一张图片，仍然会影响他们的想法和行为。事实证明，我们经常用一种相当复杂的方式来处理这些没有被主观经验到的信息。比如，可以让一连串词在一个人眼前一闪而过，快到这个人不知道看了什么。然而，大脑会把"非常快乐的战争"这类驴唇不对马嘴的意思，与更合理的"不快乐的战争"以不同的方式记录下来。也许有人认为，必须有意识地思考才能把不同的意思区分开来，但事实并非如此。

德阿纳认为，我们可以在无意识的情况下做很多事情，但是完成有些事情必须依赖意识。我们无法在无意识的情况下完成一个不熟悉的、需要很多步骤并且得按部就班进行的任务。我们可以在无意识的状态下学会把不同的经历联系在一起，比如你看到B的时候会期待A，不过这种情况只有在B和A的先后顺序很接近时才会发生。两种经历之间一旦有较长的时间间隔，我们就只有在意识到这个间隔时才能学会把两者联系在一起。如果一束光总是伴随着一阵刺激性喷气而来，那么你可以学会在每次看见这束光时眨眼，但这种情况仅在光和喷气间隔很短时才会发生。一旦前后间隔一秒左右，我们就无法在无意识的情况下一见光就眨眼。德阿纳认为，过去30年的研究发现表明，相比其他很多十分复杂的行为活动，一种特别的处理方式（我们常用来处理尤其和时间、排列以及新奇事物有关的信息）可以带来知觉意识。

回到20世纪80年代，在最早一批试图解释意识的研究中，神经科学家伯纳德·巴尔斯（Bernard Baars）引入了全局工作空间（global workspace）理论。巴尔斯认为，只有当信息被传播到脑中一个中心化的"工作空间"时，我们才会对这些信息有意识。德阿纳同意并继续发展了这个观点。一些相关理论称，我们会对任何送入工作记忆的信息有意识。工作记忆是一种特殊的记忆，它能立刻储存那些我们能够用来推理并解决问题的图片、文字和声音。我在纽约城市大学[①]的同事杰西·普林茨（Jesse Prinz）也支持这种观点。如果你认为全局工作空间对主观经验（或者某种特殊记忆形式，又或是其他类似机制）的运转有必要的话，你就会支持：只有类似于人类大脑的复杂大脑才会产生主观经验。我们也许能在人类以外的生物身上发现这种大脑，但很可能只会在哺乳动物和鸟类身上发现。按照这种思路思考，会走向我称为主观经验研究中后来者的一些观点。这些观点并不认为意识是突然出现的，而是认为意识的"觉醒"在生命史的后期才发生，而且和像我们这样的动物才有的那些特征有关。

我在上文中介绍包括巴尔斯、德阿纳和普林茨的理论在内的这些理论时，称它们是关于意识的理论。我之所以用"意识"这个词，是因为他们用了这个词。有时候不容易解释清楚这些理论和本书想讨论的主观经验（广义的主观经验）之间的关系。我把主观经

① 作者已于2017年离开纽约城市大学，在悉尼大学任教。——译者注

验看作一个广义的范畴，意识只是其中一个更小的范畴，也就是说，动物并不会意识到自身所能感觉到的一切。也许有人会说，意识的存在有赖于“全局工作空间”，但一些最基本的主观经验并不依赖。我不仅认为这种观点可能合理，甚至认为接近正确。单看我上文讨论的文献，通常很难看出这些研究者对此持有什么观点。不过他们一部分人认为，意识和主观经验没有太大区别；他们认为，自己的理论是在告诉大家：心智活动在什么阶段能感觉到什么。

启发了后来者观点的研究也带动了很多进展。德阿纳这样的研究者找到了一种研究人类意识的方法，这在不久之前还显得不切实际。我们不该仅仅因为某个理论更普适或者感觉上是对的就坚决支持那个理论。但我的确认为有别的观点能反驳后来者观点，而且的确有一个不同于后来者观点的论点值得我们考虑。我把这个替代观点称为*转型观点*。这个观点认为，在工作记忆、工作空间和感官整合之类的功能演化出现之前，某种形式的主观经验就已经存在。这些复杂功能出现后，渐渐改变了动物主观经验的形式。经验感受虽然被这些特征重塑，但它本身并不是由这些特征产生的。

我能为这个替代观点提供的最好论证，基于的是转型前后的主观经验在我们生命中扮演的角色。它最初以一种近似于主观经验的形式突然出现，然后逐渐演化成更有序也更复杂的心理过程。联想一下突然袭来的疼痛感，或是心理学家德里克·登顿（Derek Denton）称为*原始情绪*（primordial emotions）的感觉。原始情绪会记录重要的身体状态或缺口，比如口渴或缺氧的感觉。正如登顿所说，这些感觉出现后通常都会扮演“专横的”角色：把自己强加在主体的感受中，让主体无法轻易忽视它们。你是否认为，动物之所以能感受到那些状态（疼痛，上气不接下气，等等），恰恰是因为演化后期出现了复杂的认知处理过程？我有所怀疑，我认为可能合理的解释反而是，动物在缺少外部世界的“内在模型”或者复杂的记忆形式的条件下，也许仍然感到疼痛或者口渴。

让我们来讨论一下疼痛。也许有人刚开始会说，显然每种结构简单的动物都能感觉疼痛，因为它们能对疼痛做出反应，比如在痛苦中颤抖或扭曲。但事情并没有这么简单。很多因为身体受损而给出的反应看似和疼痛有关，实际上动物也许并没有感到疼痛。比如，一只老鼠被切断了脊髓，因此失去了把受伤处的信息传递到大脑的通道，但它还是可以做出一些像是“疼痛行为”的行为，甚至可以展现出某种应对损伤的学习行为。因为我们会共情，所以动物身上的各种反射反应在我们看来也许像疼痛，但我们不该被这些表象迷惑。

幸运的是，我们可以做到。尽管人们研究的这些动物的大脑和我们的相去甚远，很可能不符合“后来者”观点，但更有说服力的证据仍然和疼痛相关，也就是指动物的反应过于灵活而无法被视为条件反射的行为。以鱼为例。研究人员首先测试了斑马鱼更喜欢两个环境中的哪一个。他们给斑马鱼注射了能导致它们产生痛感的化学物质。在斑马鱼不太喜欢的那个环境中溶入止痛药后，它们会转而选择这个之前并不喜欢的环境，但是只有在水中溶有止痛药时才做出这种转变。它们做出了一个通常不会做的选择，而且在“更痛或不那么痛的环境”之间选择，这对它们来说就是一种新鲜状况：

演化无法为它们提前设置好应对这种情况的条件反射反应。

类似地，一项关于鸡的研究发现，研究人员在鸡平常不喜欢的食物中放了止痛药后，腿受伤的鸡会选择这种食物。罗伯特·埃尔伍德（Robert Elwood）在寄居蟹身上做过类似的实验。寄居蟹是一种小型节肢动物，和昆虫的亲缘关系较近，生活在软体动物留下的壳中。埃尔伍德微微电击了这些寄居蟹，发现它们会被引诱出壳。然而也不总是能引诱出来：相比于低质量的壳，它们更不情愿离开高质量的壳，除非遭到更多次电击。当周围出现捕食者的气味、外壳能提供更多保护时，它们很有可能选择在壳中继续忍受电击。

这种测试并不表明所有动物都能感觉到疼痛。昆虫和蟹类同属于节肢动物这个大型动物类群。昆虫即使受伤相当严重，看上去依旧能正常行动，至少看起来还正常。它们不会清理或者保护身体受伤的部位，而是会继续做之前在做的事。不同的是，蟹类和一些虾会处理伤口。诚然，你还是可以怀疑这些动物是否可以有任何感觉，但你也可以这样怀疑你的邻居。针对任何事物都可以提出怀疑，但是上面这些例子也的确可以用来反驳怀疑。这些研究结果确实可以为“疼痛感是一种基本且广泛存在的主观经验”这个观点提供证据支持，而且这种形式的主观经验也的确存在于和我们大脑的结构截然不同的动物身上。

这种观点认为，演化使神经系统变得越来越复杂，早期简单的主观经验也转变了。随着这种转变的发生，一些能被主观经验到的新能力也出现了，比如各种复杂的记忆形式，而其他曾经促成体验的功能也许就被推到了后台。我们可以如何想象这些主观经验的早期形式？也许不可能实现，因为我们的想象力和我们现在的复杂心智捆绑在一起。不过还是试一试吧。

这一章的标题借用了西蒙娜·金斯伯格（Simona Ginsburg）和伊娃·雅布隆卡（Eva Jablonka）一篇论文中的一个词组。这两位以色列科学家研究不同的生物学领域，早前合作了一篇论文，尝试简述主观经验的演化起源。他们在文中尝试描述一种远古时期结构更简单的动物的体验：*白噪声*。想象一下一切主观经验的开端，是一阵难以分辨的嗡嗡声。

我思考这个话题时，会不停地回想起这个隐喻。是的，这确实是一种隐喻。这种关于声音的隐喻被用在也许根本无法听到任何东西的动物身上，或者至少在大部分情况下无法听到声音的动物身上。我不知道为什么这个画面始终萦绕在我的脑海中。鉴于这个隐喻能唤起对新陈代谢电流中爆裂声的想象，所以似乎指向了正确的方向，呈现了故事发展的*形态*。这种形态就是指，感受最初以一种原始的嗡嗡声存在，之后变得更加有序。

以我们人类自己为例，观察我们的身体时会发现主观经验与知觉和控制密切相关，即我们利用自己感知到的信息来决定接下去怎么做。为什么一定要这样？为什么主观经验不该和其他东西相关联？为什么我们没有时刻感受到基础的身体节律，比如细胞的分裂或生命本身？有些人也许会说，我们的主观经验中充满了这些感受，比我们能够意识到的还要多。我并不这么认为，并且我觉得这里有一条线索。主观经验并不单纯生发自系统的运行本身，而是产生自对自身状态的调解，还有对有用信息的记录。这些活动不一定发生在外界，也可以产生自生物体内。感受到的信息会被记录下来，因为它们很重要而且需要回应。知觉和这个有关。主观经验并不是仅仅沉浸在生命活动中。

金斯伯格和雅布隆卡把“白噪声”想象成主观经验的最初形式。不过，也许白噪声对应的是感受的缺失；也就是说，这是在主观经验出现之前存在于我们体内的东西。也许那个区分把这个比喻用得过于牵强。总之，主观经验的早期形式是从这样的状态中开始出现的。早期形式指的是那些与原始情感、疼痛和快乐相关的感觉形式，也就是受到外界刺激后才会产生的感觉。

如果真是这样，那么我们可以就第 2 章中讨论过的最早拥有神经系统的动物得出一些初步结论。假设最早期的神经系统的大部分工作的确是把动物的不同部位连接在一起并协调动作，那么海蜇游动时的规律性收缩就是我们现在能看到的一个例子，过着平静生活的埃迪卡拉动物也在这个范畴内。在这些例子中，神经系统的主要作用是产生并维持某种生命活动，很少调节这些活动。如果真是这样，那么也许具有这种生命形式的动物根本不会感觉到任何东西。简单的经验感受，也许就始于寒武纪这个出现了更丰富的生物–世界互动形式的时期。

这个开端不会是一个单一的事件，甚至不会是延伸自某一条演化路径的单一过程，而是有一些类似的过程同时发生。直到寒武纪，很多我在本章中讨论过的不同种类的动物已经在演化树上分道扬镳，这些分裂也许发生在一切都更安静的埃迪卡拉纪。截至寒武纪，脊椎动物已经有了属于自己的演化路径（或者一群演化路径），节肢动物和软体动物则走上了其他路径。假设蟹类、章鱼和猫的确都有某种形式的主观经验，那么主观经验至少有 3 个独立起源，甚至更多。

后来，随着德阿纳、巴尔斯、米尔纳和古德尔描述的机制开始出现，一个感知世界的综合视角出现了，生物对自我的感受也更加明确。然后我们就拥有了一个更接近于意识的东西。我并不认为这是一个单一的有明确界限的步骤。相反，我认为“意识”是一个语义混杂且被过度使用的术语，但它能帮助我们描述各种综合且自洽的主观经验形式。这样的感受也很可能在不同的演化路径上出现过好几次：从白噪声开始，经过早期古老简单的感受形式，再到成为意识。

章鱼的情况

现在让我们回到章鱼，这种不同寻常并且在演化史上有着举足轻重意义的动物。章鱼在主观经验的演化中扮演了什么样的角色？它会有怎样的感受？

首先，章鱼拥有庞大的神经系统和复杂主动身体。它有丰富的感官能力和非凡的行动能力。如果生命系统中有一种能伴随感官和行动出现的主观经验形式，章鱼身上就有很多这样的例子。但章鱼拥有的远不止这些。章鱼变幻莫测的奇异身形下拥有复杂的能力和演化步骤，有一些远超本章讨论的基本形式。至少有些种类的章鱼会以抱着试一试的态度和富有探索性的方式与周边环境发生互动。它们有好奇心，会接受新鲜事物，行动和身形都能千变万化。这些特征让人想到斯塔尼斯拉斯·德阿纳指出的人类心智生活中那些和意识有关的特征。正如他所说，对新鲜感的需求把我们从无意识的一成不变的生活突然推向有意识的反思。章鱼有时候会小心翼翼地探索周边，有时候又鲁莽得令人困惑。我在上一章中提到，那个在章鱼城附近潜水的合作同伴马修·劳伦斯是如何遇到一只有趣的章鱼的：那只章鱼抓住他的手，拖着他横跨海底。我们完全不知道它这么做的原因。相反，有一次我在另一个地方水肺潜水，为了拍一些小巧的海蛞蝓，我把几根手指按在地上，这样就可以在那片海底上方浮动。我注意到下方有个东西，一条纤细的章鱼腕正缓缓穿过我身旁的海藻，向我按在地上的手指伸去。这只章鱼在海藻中卷成一个球，藏起自己的大部分身体，但我能透过海藻丛间的小孔看到它的一只眼睛。它一边观察着我，一边小心翼翼地伸出一条腕。这是一个小心谨慎的探索动作，它伸出腕时会确保我在它的视野范围内。对它来说，我是一个新鲜物体，有无法确定的重要性。海藻既为它提供了遮蔽，也为它提供了一个观察孔。章鱼从这个庇护所里伸出一条腕来打探，也许是在品尝我。

我在上文中讨论过*知觉恒常性*。动物的这些能力使它们即使在距离、光线等观察条件发生变化的情况下，仍然可以识别出同一个物体。要识别出这个物体，动物必须分析并抵消它们自己所处位置和所持视角带来的影响。心理学家和哲学家通常把这种能力和复杂的知觉形式联系在一起，与原始形式比较。知觉恒常性表明，动物在感知外界物体时，能够意识到这些物体来自外界。因为当它们的观察位置发生变化时，它们看到的物体还是保持原样。在 1956 年的一个实验中，研究人员训练章鱼靠近某些特定的形状，躲开其他的形状。在其中一些实验中，变量是正方形的大小。章鱼待在一个水族箱中，研究人员在另一边向它们展示一个正方形，章鱼需要游近一些正方形（为了奖励），躲开其他形状（否则会遭到电击惩罚）。这就是实验的固定形式，章鱼能做到这些。研究人员粗略地提到，在“一些”情况下，小正方形会放置在离章鱼只有通常距离一半的地方。这些小正方形也许起初看上去更大，至少在章鱼视网膜上成像的方形会更大。实验人员说，每次在这样的实验中，章鱼都能正确辨别这些正方形真正的大小。也就是说，章鱼有能力消除物体放置距离上的变化所带来的影响。

让人惊讶的是，观察到章鱼有知觉恒常性这点十分重要，然而这篇论文对此只是一带而过。这些用来测试知觉恒常性的实验并没有提供任何数据，也没有人继续研究。如果这个发现得到承认，那就可以表明章鱼的确至少拥有一些知觉恒常性。显然，其他一些非脊椎动物，比如蜜蜂和几种蜘蛛也有，章鱼并不是唯一有这种特征的非脊椎动物。

章鱼也擅长导航。每当我看见一只章鱼从自己的洞穴中游出来时，我都会尽可能跟着它。章鱼们已经带我游览了好多次海底。如果我没有在它们游动和探索时靠得太近，它们一般完全不会注意到我。章鱼出洞通常是为了寻找食物，它们游过漫长蜿蜒的路线后，最终会回到自己的洞中。它们出色的导航能力常常让我惊讶，因为它们能持续游大概 15 分钟之久，会穿过非常昏暗的海水。如果它们从洞的一个方向出发，也许会从洞的另一个方向返回。它们的觅食路线呈一个环形，而不是来回往返。很多年前，詹妮弗 · 马瑟细致地研究了这样的行为。她在加勒比海观察一只正在进行捕食之旅的章鱼，绘制出了它的环形漫游路线。目前还不清楚章鱼到底是如何完成这种环形路线的，我们还不知道它们会用到哪种路标、指南或者记忆。但是，一些章鱼绝对是优秀的航海家。

要记得，我们和章鱼最后的共同祖先，也就是埃迪卡拉纪的一种蠕虫状生物，几乎肯定没有任何这些技能。看来，一旦动物的生活开始变得活跃和动态，能受控地、有目的地快速移动时，它们就能演化出更合理的观察和应对周边世界的方式。不同的动物独立演化出了各自的知觉恒常性。尽管章鱼观察世界的方式在某些方面和我们大相径庭，但它们似乎也能够通过识别和重新识别物体，掌握自己和其他动物的区别，据此来应对周围的一切。身处一只章鱼身边时，不可能不认为它们也能跟我们一样对物体投入相当多的注意力，尤其是对新的物体。

在本章前面部分，我讨论了关于鱼、鸡和蟹类的疼痛行为研究。尝试解释章鱼和疼痛感之间的关系并不容易。在章鱼城中，也就是我们在澳大利亚的主要研究地点，我们曾经多次拍到一只大型雄性章鱼参与一系列侵略性互动的视频：它会在章鱼城中漫游，和其他章鱼搏斗。它经常靠抻直的腕支撑身体，“直立着”，有时还会把自己背后的腕高举过头。我们认为它之所以这么做，是想让自己看起来尽可能显得大；摆出这些姿态通常是它攻击其他章鱼的前兆。有一次，当它摆出这种姿态时，一条小而凶残的扒皮鱼（即绿鳍马面鲀）从它的背后游近，咬了它一口。下图就是在章鱼被咬时拍摄的，鱼位于图正中的上方：

章鱼的反应和人类很像：它会吓一跳，开始张牙舞爪地挥动腕。

然后它立刻回去攻击其他章鱼。扒皮鱼咬的这一口对我们来说很幸运，因为它在章鱼身上留下了明显的印记；如此一来，在那次考察的后面阶段，我们就可以从远处辨认出这个印记，从而识别出这只章鱼。

正如我们之前了解到的，一些动物会照顾并保护它们受伤的部位。但是这只背部遇袭的章鱼没有这么做。它起初的行为反应表明它肯定感觉到自己被咬，但后遗症并不明显。我们推测，这或许对它来说只是轻伤，而且它当时正忙于腕斗。最近，琼·艾鲁佩（Jean Alupay）和她的同事在一篇合著的论文中仔细研究了另一种章鱼的疼痛行为，其中就包括护理伤口的行为。可能有理由预见奇怪的现象，毕竟包括艾鲁佩研究的章鱼在内，很多章鱼都会在必要时自断腕，从捕食者手中逃走。这项研究发现，在一些情况（但不是所有情况）下，章鱼会截去自己在实验中压碎（不是太过严重）的腕，并且都会护理和保护它们的伤口一段时间。正如我讨论过的，这种护理和保护行为通常会被研究人员视为能感觉到疼痛的指标。

鉴于章鱼大脑和身体之间不寻常的关系，它们和感受相关的所有事情都会变得更复杂。我们可以根据在第 3 章中讨论过的对神经系统的解释（已经得到行为实验的支持）：假设章鱼依靠一种混合机制来控制腕的动作。章鱼演化出复杂的行为能力后，选择把部分自主权委托给自己的腕。结果就是那些腕中布满了神经元，似乎能够局部地控制一些动作。这样看来，章鱼的感受会是怎样的呢？

章鱼也许属于某种混合情况。对一只章鱼来说，它的腕是自我的一部分，因为那些腕可以用来引导并操纵事物。但从中央大脑的角度来看，那些腕也是非自我的，因为它们本身就是能动者。

以人类为例，从眨眼和呼吸行为开始讨论。正常情况下，这些行为会不由自主地发生，但是你也可以通过投入注意力来施加控制。章鱼腕的移动机制类似于这种组合。这样类比并不完全准确，因为虽然在正常情况下呼吸是不由自主发生的，但是你干预呼吸时可以非常精细地调控它。注意力取代了平常那些不由自主发生的过程。如果混合控制能够正确地解释章鱼行为，也就是说中枢控制不可能控制所有移动，局部系统一直都有控制权。用一种过于拟人化的方式表达：你会刻意伸出一条腕，希望局部的精细控制不出错。

那么，章鱼行动时会把我们这类动物身上通常明显不同的元素（或者至少看上去是如此）混合在一起。而我们行动时，自我和外界环境之间的界限通常非常清晰。比如，如果你移动了自己的手臂，你既可以控制它大致的移动方向，也可以精确地控制很多移动细节。虽然你可以通过四肢操控周围环境中的很多其他物体，从而间接地移动它们，但这些物体本身并不受你直接控制。如果你周围的某个物体不受控制地移动，这通常表明，这个物体并不是你身体的一部分（膝跳反应或类似的现象除外）。如果你是一只章鱼，这些自我和外界环境之间的界限会变得模糊。一定程度上你会引导你的腕，而一定程度上你又只会看着它们自由移动。

用上述的类比来讲这个故事，其实是站在了“中央章鱼”的有利角度。这也许是错的。再者，我假设的这个拟人化对比也许过于简单。当一个人能十分熟练地演奏一种乐器时，他的很多动作（包括各种调整）都会因为速度过快而不受意识控制。关于章鱼和人类之间的比较，安特卫普大学的哲学家本斯·纳奈（Bence Nanay）也提供了一种极为不同的见解。纳奈认为，如果我们观察得足够仔细，一些在章鱼身上见到的怪异且新奇的关系，在我们身上也可以发现。我们通常无法注意到这些关系，但它们确实存在。假设你伸手去够某个物体。如果这个目标所在的位置或者大小突然发生变化，你伸手的动作也会极速改变，反应时间不到十分之一秒。这种改变过于快速，以至于不可能是你有意而为。实验对象并不会注意到这种变化，也就是说他们不会注意到已经改变了自己的动作，也不会注意到目标物体的变化。当我说实验“对象”时，我的意思是如果你问这些人有没有注意到自己的动作或者目标物体发生了变化，他们会回答没有。而这些人虽然没注意到这些变化，手臂的移动方向却的确发生了改变。

章鱼身上既有自上而下到达腕的指令，也有快速而无意识的微调指令。章鱼的微调指令不仅快速，也更强大（实际上也不仅仅是微调）。它们也许会像自己的观众一样，看着一些腕到处摆动。而我们人类身上的一些调整也会因为过于迅速而不被我们察觉。

在人类身上，这些手臂的快速调整得令于大脑发出的指令，还受到视觉引导。而在章鱼身上，这些动作由腕自己的化学感觉和触觉感官引导，而非视觉（我将在下一章中说明这一点，有一些表述尚待厘清）。总之，纳奈的解释是，章鱼以一种极端的形式展示了同样存在于人类身上的行为控制模式，只不过后者的呈现形式更微弱，也更不起眼。人类有自上而下的指令，也需要额外的微调指令。但章鱼的中枢指令和局部控制之间，也许一直存在着某种持续的互动。当章鱼伸出一条腕后，腕会到处摆动，章鱼自己也许会调整腕的方向（也许是通过注意力来调整，比如施加一些章鱼意志力），使腕不偏离正轨。

在我之前引用过的关于“具身认知”的论文中，希勒尔·奇尔和兰达尔·比尔为了解释动物是如何做出动作的，对比了一新一旧两种观点。旧观点认为，神经系统是“身体的指挥，负责为乐手选择曲目，精确地指挥演奏”。不过他俩认为：“神经系统是一群参与爵士乐即兴演奏的乐手，最终效果来自彼此间的交流与接纳。”我并没有被这段整体概括说服，因为我认为，把神经系统仅仅看作众多乐手中的一员，这低估了神经系统在大部分动物身上扮演的角色。但是他们的比喻也许很适合章鱼。这时对比的不是章鱼的神经系统和身体的其他部分，而是它们的中央大脑和身上其他各自有神经系统的部位。

章鱼身上的确有一个指挥，那就是它的中央大脑。但是它指挥的是爵士乐乐手，它们倾向于即兴演奏，只接受部分指挥。或者它们也许只接受粗略、大概的指令，因为它们的指挥相信它们自己就能演奏出一些美妙的音乐。

5

制造颜色

巨型乌贼

在第 1 章中，我们遇到了一只在礁石下徘徊的动物。它来回游动时每一秒都在变换身体的颜色，从最初的深红色褪成了灰色的色斑和银色的血管，腕上不断地渗出和消失蓝色、绿色。本章我们将再次回到海中，研究这种动物和它身上无休止的变幻。

巨型乌贼看上去像是一只附在气垫船上的章鱼。它的背部有点像龟壳，头部突出，8 条腕直接从上面伸出来。它的腕和章鱼的腕基本一致：灵活，没有关节，还附有吸盘。从正面看，它的腕大体呈纵向排列，不过是排列在口的周围；和章鱼的腕一样，乌贼的腕也可以被看成是 8 片巨大且敏捷的嘴唇。两条更长的“喂食触腕”正藏在口附近；乌贼可以甩出这些触腕捕捉猎物。它的口本身含有一块坚硬的角质颚。乌贼身上没有脊椎或真正的骨头，但它盾状背面的内部有一块坚硬的“乌贼骨”（内壳），看上去像冲浪板的内部结构。乌贼背部两侧的边缘都长有裙状的鳍，宽几厘米。它会摆动这些鳍来缓缓游动。它如果想快速移动，就会通过身体下方能指向任何方向的“虹吸管”来喷气推进。大部分乌贼体形都很小，几厘米见长，但是巨型乌贼可以长到 90 厘米长。

它的皮肤可以呈现出任何一种颜色，而且能瞬间（有时候能在一秒内）变换颜色。它的头部布满了纤细、蜿蜒的银线，看起来好像在充电。这些“电线”使得乌贼看上去像一艘盘旋的宇宙飞船。然而，大家对巨型乌贼的印象和所有试图理解它的尝试，都持续受到它外表的干扰。你观察它时，发现它的眼睛里流出亮红色的东西：这难道是一艘流着红色血泪的宇宙飞船？

头足纲动物总体上（虽然不是所有，但绝大多数）都非常善于变色。在这个不寻常的类群中，巨型乌贼也许是最奇怪，或者至少是最色彩斑斓的。自然界中能够变化颜色的动物并不少见，很多动物都可以在某种程度上调节自己皮肤呈现的颜色。变色龙就是大家熟知的例子。然而，头足纲动物的变色速度更快，呈现出的颜色也更多样。大型乌贼的整个身体就是播放图案的显示屏。这些图案不仅仅是一系列快照，还有条纹或云朵等会移动的形状。这些动物似乎极富表现力，而且好像有很多话要说。如果真是这样，它们会说些什么，又会对谁说呢？

巨型乌贼还有另一个特别的方面：我们能在这样大型的野生动物身上觉察到友善，非常令人宽心。我并不是因为它们能容忍人类出现在自己身旁才这么说的，而是它们会积极地与人类互动，会和种外生物建立交流。这种情况在巨型乌贼中并不常见，但也并不少见。你经常会遇到一只友好又好奇的巨型乌贼。它会游到你面前，皮肤上的色斑和形状相对“静止”，然后在你附近游来游去，很明显在试图打探你。

这些动物鲜有人研究，也很少有人在实验室圈养它们。亚历山德拉·施内尔（Alexandra Schnell）是为数不多在实验室中仔细研究巨型乌贼的学者，她表示，章鱼在圈养条件下做出的复杂反应，乌贼也能做到。乌贼也会从喷嘴中精准地喷射水流，伏击来访者。但巨型乌贼似乎比它们的亲戚更加高深莫测，也更脱俗。不管是从绝对大小还是从体重比例来看，乌贼的大脑都非常庞大。就我所知，它们目前还没有表现出在部分章鱼身上见到过的拥有惊人智力的迹象，比如它们不会解决问题、使用工具和探索物体。不过毕竟目前对乌贼的研究太少，乌贼和章鱼的生活方式也不同，对章鱼非常有用的行为，对乌贼似乎并没有太多帮助。巨型乌贼并不是善用腕的探险者，而是游泳高手。

虽然巨型乌贼可能没有章鱼千变万化的创造力，但你在海中和它们相处久了，就会发现它们有一些令你印象深刻的特征：比如至少在一些情况下它们表现出了友善的好奇心，或者是它们在你周围徘徊时谨慎地和你互动，还有那些无休止的、令人惊叹的颜色变化。

制造颜色

头足纲动物的皮肤就像一块被大脑直接控制的分层显示屏。神经元从大脑出发，穿过身体到达皮肤，在那里控制肌肉。接着，这些肌肉会控制百万个像素似的色素小囊。一只乌贼感受到了什么或者做出什么决定时，会瞬间变色。

下面就是它的变色原理。它的皮肤外覆盖着一层真皮。下面的一层皮肤含有色素体，那是最重要的颜色控制构造。一个单独的色素体细胞包含了几种不同的细胞。每个细胞包含一囊有色化学物质。这个细胞周围有十几或二十几个肌肉细胞，它们能把色素囊拉拽成不同的形状。这些肌肉受大脑控制，它们通过拉扯色素囊呈现颜色，或者通过舒张使色素囊的颜色消失。

每个色素体都只包含一种颜色。不同种类的头足纲动物有不同的颜色，通常一种动物有三种颜色。巨型乌贼的色素体是红色、黄色和黑色或棕色的，每个色素体的直径都小于一毫米。

色素体的这种构造解释了头足纲动物是如何制造部分颜色的，但无法解释它们呈现出的所有颜色。巨型乌贼只需刺激一种颜色的色素体就可以呈现出红色或者黄色，它也可以组合两种颜色制造出橙色。但是，这个机制无法制造出乌贼的很多其他颜色，比如蓝色、绿色、紫色或者银白色。这些颜色是通过外层下面其他皮层的机制制造出来的，在那里我们可以发现好几种反射细胞。这些细胞不像色素体一样包含固定的色素，而是会反射进入乌贼体内的光。这种反射不一定是单纯的镜面反射。在虹细胞内，光会被微小的薄片状堆叠机构反射和过滤。这些堆叠结构会分解并引导不同波长的光线，向外反射的光线颜色可以不同于原本进入体内的光线。虹细胞能由此制造出绿色和蓝色等色素体无法制造的颜色。这些虹细胞并不直接和大脑相连，但是它们中的一些会受化学信号控制，只是运作过程相对缓慢。在虹细胞的下一层，还有另一层名为白色素细胞的反射细胞；这些细胞不会处理光线，而是直接把光线反射回去。因此，这些细胞经常呈白色，尽管它们可以反射从周围射入的任何颜色。鉴于色素体所在皮层位于反射细胞所在皮层之外，因此所有反射细胞呈现的效果都会受到色素体变化的调节。色素体被拉大后，光会透入下层的反射细胞，从而控制反射出的光线颜色。

你可以想象从侧面观察一块乌贼皮肤的横截面。我们应该可以看见一层顶层皮肤，接着是一层有百万个微小色素囊的皮层，每个色素囊都被不断拉扯，暴露出或隐藏囊内的色素。这种颜色变化的速度很快，通过很多肌肉活动实现。有些光线会透过这一层到达下一层，在那里光线会被镜面似的圆片堆反射并过滤。当化学物质从其他地方到达那些反射并过滤光线的细胞时，这些细胞也许会以更慢的速度改变自身的形状。更下面一层是构造更简单的反射细胞，它们会反射进入内部的任何光线。

下面就是乌贼皮层结构的示意图。

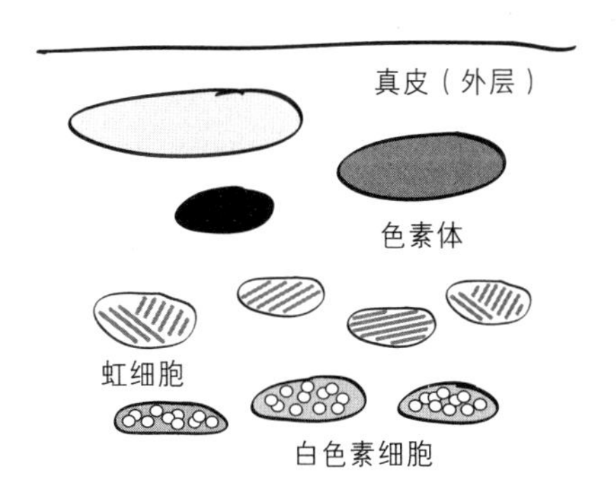

假设一只巨型乌贼有大概一千万个色素体。那么我们可以粗略地把乌贼身上那层有色素体的皮层当作一块千万像素的显示屏。我之所以说这样类比很粗略，是因为首先像素并不是作为完全独立的个体，而是作为局部区域受到控制的；还因为每个色素体只有一种颜色。有些色素也会叠在其他色素之上，所以同一块皮肤可以制造出不同的颜色。色素体下面的皮层也可以让乌贼制造出更复杂的颜色。

头足纲动物呈现色彩的皮肤薄且脆弱。乌贼因为年龄或受到损伤而失去皮肤之后，看起来会非常不一样。那时你会看到暗淡的白色斑块。乌贼魔术般的皮肤，是罩在它们通透白色身体最外面的一层薄片。

在我观察过的乌贼中，红色在某种程度上是它们的“基础”色，是最常见的颜色。从褐红色到鲜红色都有。从水中看，乌贼红色的底色之上常带着银白色的装饰。这些白色会形成纹路和斑点，呈现出断断续续的少许闪光或一串白点。其他颜色会呈斑点状出现，比如黄色、橙色或者橄榄绿。这些颜色也许能保持静止的图案，但是大多数并不持久。它们的“动态”图案就像在乌贼的皮肤这块屏幕上放映的电影。“游云”模式就是一个例子。深浅相间的波浪状图案不断沿着身体从前向后或者从后向前滚动。有一次，我从一只身形庞大的乌贼上方观察它，看见它对着身体左侧另一只待在岩石下的乌贼展现出游云的图案，而面向大海的右侧保持静止的伪装状态。

乌贼变色的同时，身体和皮肤的形态通常会一起变化。它们四处游动时，有时候背部会有数十个“乳突状”突起或者皮肤褶皱。这些突起物和皱褶只有 3 厘米左右长，看上去像迷你剑龙背部的骨板。这些突起物内没有任何硬质物质，而且能够在一秒钟内从无到有。乌贼的眼睛在经过细致修饰的皮肤堆里。很多乌贼的眼睛上部有纤细的缕状和褶皱，看起来像精细文过的眉毛。

乌贼休息时会把八条腕悬置在自己面前，每一条看起来都很相似。研究人员为头足纲动物的每一条腕都分配了特定的编码，左边和右边各有 1 到 4 号。从顶部开始，是左 1 号和右 1 号腕。从正面看，这一对腕像是“内层”腕。在这些腕外面的是左 2 和右 2 号腕，接着是第三对腕，最外面是第四对腕。雄性巨型乌贼的第四对腕比雌性的更大。它们攻击其他动物时通常会放平第四对腕，看着像宽大的刀片。

另一种攻击姿势就是举起“第一对”腕，摆出号角状。有些乌贼能让这些号角呈现出优雅的波浪状，其他乌贼会把自己的腕变成蕨菜卷状、钩状或棍棒状。最复杂的是把腕放成三层或者四层：乌贼会笔直地高高举起第一对腕；下面一层会放卷成号角状的第二对腕，或许还会把腕的底端卷起来；再下面一层是第三对腕；最后一层是第四对腕，会伸展得尽可能大。尽管有些游过来的鱼本身并无恶意，但巨型乌贼似乎还是会主动表现出敌意。当这些鱼靠近时，巨型乌贼会把自己的腕举成号角或者钩状。

所有这些行为都因个体而异。有时候我能在很多天内，偶尔甚至在长达超过一周时间内识别出同一只乌贼。想要重新识别出这种能任意改变自己整体颜色和形状的动物并不容易，但一道与众不同的疤痕有时候能让一切成为可能。我最终还学会了通过它们裙状鳍上的一些白色标记来识别不同的个体，这似乎是指纹般的永久特征。即使性别和体形一致，即使在同一年的同一时间同一地点遇到我，不同的乌贼还是会对我做出不同的反应。最好客的互动方式就是上文提到的好奇又友善的方式。有些乌贼会身披静止的花色图案靠近我，然后仔细地观察我。它们中最友好的会伸出一条腕来触碰我。这种情况十分少见。乌贼会在水中徘徊，通过自己的鳍或者漏斗喷水而微微移动。当我们到处游动时，乌贼会和我们保持特定的距离。当我慢慢靠近它时，它会徐徐向后；有时候当我慢慢后退时，它也会靠近我。但最终它会缩短我们之间的距离，直到只相隔几十厘米远。我伸出一只手靠近它的腕，但没有触碰到它们。乌贼会伸出一条或两条腕的末梢来触碰我的手。

虽然几乎每次我都会伸出手，但乌贼回碰我手的情况只发生过一次。短暂触碰之后，乌贼会后退，继续保持几十厘米距离。它之所以会触碰我，是因为对我足够感兴趣，但触碰过一次之后它就回到了原来的位置。也许可以这么解释这个动作：乌贼在打探我能不能吃。然而人类的身体比乌贼大得多，它们通常会捕捉整只蟹或整条鱼为食，我并不认为它们在考虑把我当作午餐。

不管是否友好，一些乌贼都有自己独特的变色风格。我偶尔会遇到一些乌贼，它们似乎能够制造出其他乌贼从没考虑过的颜色或光彩夺目的图案。我把见到的第一只这样的乌贼命名为马蒂斯[①]，它

① 作者以20世纪野兽派艺术风格的代表人物亨利·马蒂斯的名字命名这只章鱼。马蒂斯善用夸张的色彩表现情感。——译者注

是我几年前造访过几次的友善的乌贼。它所有的颜色都有特别的细节，但把它和其他乌贼区分开来另有原因。它在不慌不忙地漫游时会呈现出红白相间的图案，接着会突然爆发成亮黄色。马蒂斯能在不到一秒的时间内爆发出这种颜色，整个身体都被这一片亮黄色覆盖，再看不见任何其他印记。它马上又会身披带条纹的深红色，不到一秒钟就又看起来像是一个乌贼状的太阳。这片焰火般的颜色会慢慢退去，接着黄色之间会出现橘黄色，颜色会再变深。随后，同样的图案再次出现。过了十秒左右，它又变回了深红色。

马蒂斯变黄时并没有同时举起腕或展示其他图案，也没有表现出任何惊慌的迹象。我读到过有人把其他头足纲动物“通体变成黄色”的现象解读成惊恐。我想，马蒂斯也许受到了惊吓，但是为什么它身上除了皮肤之外的其他部位看上去如此平静？马蒂斯偶尔看到入侵的鱼会呈现出黄色图案，但是现在这些黄色更深，同时它还会用腕摆出姿态。我看到的这种深浅一致的金丝雀黄似乎属于另一种不同的行为。马蒂斯之所以这么做，似乎仅仅是喜欢这种突然爆发的多彩的颜色变化。

这些年来我也见过不少其他能制造出这种“黄色火光”图案的乌贼，不过没有任何一只能像马蒂斯这样照亮一片水域。结合我讨论过的变色机制，想解释马蒂斯是如何做到的并不难。巨型乌贼体内有一些黄色的色素体，所以几乎可以肯定，这些黄光是通过突然扩张那些色素体并相应缩小其他颜色的色素体而制造出来的。

马蒂斯来了又走，一段时间之后我又遇到了另一只乌贼。它展现出的图案超过我见过的任何东西，唯一适合它的名字就是康定斯基[1]啦。

康定斯基有固定的习惯和洞穴。和马蒂斯不同，它没有展现出单一一种让人印象深刻的颜色。它制造出的图案和颜色类似于其他乌贼，只不过更夸张。2009 年，我用了大约一周时间陆续去它家拜访，试图为它拍摄下一张完美的照片。每天下午晚些时候，我会在距离它洞穴大约三四米的海面等待。它最终会出现，向海面游来，爬上它最喜爱的礁石的顶端。它会向上举起自己的两条腕，其他腕在下面到处摆动。我会游下去和它会面。

当我到达时，它会到处挥舞自己的腕，就像在挥动一堆用在仪式上的长矛。有时候，它会把几条腕缠绕在自己头顶。举起腕通常是它们焦躁的表现，有时候也表示怀有敌意。不过，我不认为康定斯基举起腕是因为焦躁，它似乎喜欢连续摆出这种复杂的形态，即使我离它较远，它也会这样。康定斯基喜欢在皮肤上爆发出混合着红色和橙色，还隐约掺杂着一点黯淡的橙绿色；它通常还会把这些颜色和“游云”（从皮肤上流过的一波波深色形状）图案结合在一起。在一堆内层腕上，还有泪滴般的图案一直向下流动。它在最喜欢的礁石周围徘徊了一阵后，继续向浅水区漫游。康定斯基并不属于友善的乌贼，不过它在洞穴周边的礁石间兜圈来回穿梭时，会允许我紧跟着它。

虽然有些乌贼看上去友善且充满好奇，但是还有一些会对前

---

① 和对马蒂斯的命名一样，作者在这里用抽象派代表人物瓦西里·康定斯基的名字来命名这只章鱼。康定斯基不同时期绘画风格不一，但一直对色彩的呈现和其心理效果有强烈兴趣。——译者注

来探险的潜水者持有强烈的敌意。我最震撼的记忆是和一只体形很大的雄性乌贼的相遇，而遇见它的那个地方还住着一些非常友好的乌贼。每当我游经那片岩石暗礁时，我都会记起曾经那些友好的相遇。然而这一次，我发现了一个熟练通过颜色和体形表达敌意的家伙。

我到达那处暗礁时，最先看到岩石暗礁下盘着一堆腕，这些腕呈黄橙-棕色。这只动物面朝外，周围立满了海藻，腕也随之到处挥舞。我起初以为这也许是一种伪装行为，也就是说它挥动腕是为了模拟漂动的海藻。但我游近它时发现，它在制造更多的颜色，比如银白色的贴条装饰。这些颜色并不是我们在它们脸部和腕周围常见的那种从容跳动的银色，而是更大的忽闪忽闪的斑点。它底部的腕在下方展成扇形，其他的腕像一堆号角。它立刻变得非常警觉，快速游到我面前。我匆忙向后游动。它追了我一段距离，然后折回洞中。我等了一会儿，再小心翼翼地靠近它。它又立刻像喷气式推进的中世纪攻城武器一样冲了出来。

几次追赶中，它制造出了我见过的最骇人的图案：它身上呈现出的橙色仿佛燃烧的火焰，腕呈号角和镰刀状，皮肤褶皱得像弯曲的铁盔甲。有时候，它会把内层的腕举得很高，而且扭在一起。某一刻，它几乎把自己所有的腕都举高并缠绕在一起，只把一对腕放在下方夹住脸。我当时想：它看上去就像是地狱的入口。它好像能从软体动物的视角了解到人类真正害怕什么，试图在我们眼前制造出一种让人类真正胆战心惊的场景。

我坚持跟着它，不断小心翼翼地回到它身边。它还是继续赶我走，但我很快注意到，它从不冲到我身边。当我开始放慢撤退速度，它还是不会冲到我面前。我想知道它的这些进攻中有多少虚张声势的成分，又有多少真的包含暴力意图。最终我尝试了一种新的撤退方案。既然它冲着我凶狠地挥动自己的腕，我为什么不也挥手回应它呢？后来它从洞中出来时，我没有退很远，还把双臂举在面前，水肺也漂荡着。这些举动引起了它的注意。它依旧一副看似要冲向前的姿势，但没有真正移动多少距离，那些到处挥舞的腕也开始平静下来。它皮肤上的图案越来越少，腕也很快处于静止状态，尖锐的皮肤褶皱消失了。我终于可以靠近它。它面朝我停了下来，似乎朝着我肩后方的某个角度看着，状态放松了许多。我一向着它游去，它又会立刻冲到我面前，低下头，愤怒地挥动腕。我想，以上就是我们彼此能达到的最友好状态了。

另外还有一种值得注意的人和乌贼的互动模式，虽然“互动”用在这里并不太准确。有些乌贼行动时会显得相当冷漠，冷漠到难以用语言形容。从某种意义上说，这种冷漠的表现是它们最令人着迷的行为。这些乌贼似乎根本不会把你当作一个活着的生物对待。它们静止时会倾向于不正面朝着人类（其他动物经常会面朝人类），而是朝人肩部的后方看去。你稍微移动一点儿距离，它们也会据此调整，保持不接触的状态。

一些乌贼绕着礁石兜圈进行短途旅行时，往往显得超级冷漠。在这些旅途中，乌贼也许会在礁石下面探索，或者只是随意地到处游动。大部分时间里，它们可能是在寻找食物或者配偶，但通常看起来并没有很努力在寻找。这些在旅行的乌贼有时候会很友善或者至少表现出好奇，比如会停下来仔细观察你，再继续游走。但有些乌贼无论你离它多近，甚至当你就在它们跟前，它们都能无视你。有一次，我被无视得极为彻底，我甚至直接停在它的游动路线上，看它会怎么做。接下来发生的事情就像“懦夫”的存在主义游戏。它离我越来越近，还是拒绝承认我的存在，直到距离我只有大概30厘米时，它才抬起头看着我。我无法描述它的表情，只能说它看上去完全无动于衷。接着，它绕过我，游走了。

所以我们扮演的是什么角色呢？对它们来说，我们是什么呢？我们无疑会给它们留下一种会移动的庞大生物的印象。那么它们也许会认为我们构成了某种潜在的威胁，或者至少是某种能吸引它们兴趣的生物？其他乌贼的确会把我们视为可以打探的来访者，或者会通过疯狂的图案驱赶我们。但有时候它们似乎完全没有把我们当成活物。你被它们无视得如此彻底，甚至开始怀疑自己是否真的和它们同处一个水世界，就好像你属于一群没有意识到自己是鬼魂的鬼魂一样。

看见颜色

头足纲动物制造颜色的故事已经基本讲完，而我们现在又遇到了一个完全说不通的事实：据说，几乎所有的头足纲动物都是色盲。

这个看似不可能的结论是基于生理学和行为学证据得出的。首先，对于任何能探测出颜色差异的生物，它们的眼睛中都要有一种能区分亮度和颜色差异的东西。通常，眼睛中有不同类型的光感受器（photoreceptor）。感光细胞包含一些分子，它们受到光照后能改变形状。这种形状上的改变触发了细胞中的其他化学变化；光感受器是光世界和大脑信号传送网络之间的端口。任何种类的眼睛都包含类似于光感受器的东西。要想有色觉，你需要一系列能够对接收到的不同波长的光做出不同反应的光感受器。大多数人类都拥有三种光感受器，色觉系统至少需要两种光感受器才能运作，大部分头足纲动物只有一种光感受器。

研究人员也在一些头足纲动物身上做过行为测试，想看看头足纲动物是否能学会区分两个除了颜色以外完全相同的刺激。显然，那些接受测试的头足纲动物做不到。

这个结果很让人困惑，毕竟这些动物能做出这么多和颜色相关的行为。为了伪装，它们也极其擅长变换自己的颜色，会让自己和周围环境匹配。如果看不到颜色，那么又该如何匹配颜色呢？生物学家有时候会按照下面的思路给出解释：首先，头足纲动物也许会根据所处环境的典型颜色，通过亮度的微弱差异来探测周围物体的可能颜色（色调）。其次，反射细胞，也就是皮肤上的镜子，同样能帮助它们匹配颜色。它们可以反射来自体外的光线，制造出自己无法看见的颜色。

以上可以解释头足纲动物的部分行为。如果它们希望匹配的背景色能够从任何方向进入体内，当然就可以通过反射光线来达成伪装的效果。然而，如果头足纲动物希望匹配的背景色来自身后，而且身后的颜色和从正面接收到的光色不同，简单的反射作用便无法解释头足纲动物的颜色变化。在这种情况下，头足纲动物就需要通过结合色素体和反射细胞来积极地制造出正确的颜色，它必须知道自己需要制造出哪种颜色。头足纲动物似乎可以完成这个任务，即使身体前后颜色不一，它们好像也常常能制造出匹配背后颜色的颜色。

在我写作本书期间，研究人员发现了一些线索，能够破解头足纲动物如何制造颜色的这个难题。第一条线索出现于2010年：莉迪娅·梅特格（Lydia Mäthger）、史蒂文·罗伯茨（Steven Roberts）和罗杰·汉隆发表了一篇论文，他们指出，某一种乌贼眼中的感光分子也许同样存在于它们的皮肤上。这个猜想本身并不能给出太多解释，理由如下。首先，如果这些感光分子是在眼睛以外的部位发现的，那么它们发挥的功能也许和视觉无关。其次，就算这些皮肤上的感光分子确实在对光做出反应，也还是无法解决色觉问题：即使感光分子出现在奇怪的部位，头足纲动物身上还是只有一种感光分子。一般认为，只靠一种光感受器的话，生物无法看到颜色。

这项研究结果发表后的几年间，很少有人继续跟进他们的研究。我在网上搜了一下，只发现一位似乎在继续这方面研究的人：戴斯蒙德·拉米雷斯（Desmond Ramirez），来自加利福尼亚州的研究生。我联系拉米雷斯时，他证实自己确实在研究这个问题，不过他口风很紧。又过了几年，就在我刚刚寄出一篇书评，还提到了我为无人跟进这个曾经的先锋研究感到困惑之后，没过几天，拉米雷斯就发表了他的论文。他在这篇和托德·奥克利（Todd Oakley）合著的论文中首先指出，加州双斑蛸（*Octopus bimaculoides*）皮肤上的感光基因很活跃。还有至关重要的一点，这种章鱼的皮肤感光，能够改变色素体的形状，甚至在移除皮肤后，上面的色素体也能变形。章鱼皮肤本身既可以感受光线，又可以做出能够改变皮肤颜色的反应。在第3章中我讨论了章鱼的神经系统是如何分布在它的大半部分身体上的。我试图推进的观点是，章鱼的身体某种程度上是身体本身的控制器，不受控于大脑。现在我们也认识到，章鱼可以通过皮肤查看四周。尽管很多动物的肤色也受周围光线影响，但章鱼的皮肤不仅被动地受光线影响，还能精巧地调整自己像素般的颜色控制机制，根据周围光线做出改变。

通过我们自己的皮肤来观看周围环境会是怎样的呢？我们将无法聚焦任何影像，只能探测到大致的变化或一片水域的背景色。目前我们还不知道皮肤感受到的信息是会被传输到大脑，还是停留在局部。两种可能的传输路径都拓展了我们的想象力。如果皮肤感知到的信息被输送到大脑，那么这种动物的视觉敏感度就可以延伸到各个方向，远远超出目之所及。如果皮肤感知到的信息不会到达大脑，那么每条腕也许就需要依靠自身查看周边，腕与腕之间不交流。

拉米雷斯和奥克利的发现是个重大进展，但还是无法解决上文中强调的色觉问题。拉米雷斯和奥克利研究的章鱼皮肤中的光感受器和它们眼中的光感受器一样，都对同一种波长敏感。那种章鱼即使整个身体都可以看见颜色，也一定只能看到单色，所以仍然存在颜色匹配的问题。不过我猜想，拉米雷斯的研究能为这个问题带来一种解决方案。梅特格和她同事之前发表的论文可以提供思路。他们注意到，即使皮肤上和眼睛中的光感受器有相同的化学构成，它们接收到的光也许会受到周围色素体或其他细胞的调节。如此一来，一种光感受器也许可以当成两种用。有些蝴蝶也会使用类似的技巧。

一器多用可以通过多种方式实现。其中一种可能是，色素体可以覆盖在感光细胞上，起到滤镜的作用。光感受器和一个不同颜色的色素体组合后，可以对某种颜色的光线做出不同的反应。另一种可能是生态学家、兰花专家和艺术家卢·约斯特（Lou Jost）建议我的。他认为，变色行为也许也能奏效。假设感光细胞位于分布着很多色素体的上皮之下，不同颜色的色素体扩张和收缩时，穿过这些细胞的光线也会受到不同的影响。如果头足纲动物能够记录下哪些色素体扩张了，和多少光线到达了光感受器，那么它也许就能知道一些关于入射光线颜色的信息。这种动物变色时，就好像摄影师换上一个个滤镜。如果这种生物有不同颜色的滤镜，而且知道什么时候用什么滤镜，那么只有一个单色的光感受器也可以探测到不同的颜色。

所有这些可能都取决于感光细胞相对于色素体的位置和其他暂时未知的细节。不过在某种意义上，上面提到的机制有哪个不运作的话，这才令人惊讶。只要带色的色素体下方有一些感光结构，那么当动物改变色素体形状时，下面的感光结构就不可避免地会受到影响，而且这些影响会和射入光线的颜色有关。这些光线信息是可以利用的。对头足纲动物来说，演化出能够运用这些信息的机制好像并不困难。

被看见

没有什么生物能在伪装方面超越章鱼。它们可以在几十厘米外对寻找自己的生物完全隐身。章鱼和乌贼不同，前者得益于身上几乎没有任何硬质部分，可以拗出任何形状。巨型乌贼无法像章鱼那样彻底地愚弄观察它们的其他动物，不过，有些乌贼的伪装水平可以接近章鱼。我在一只新南威尔士乌贼（*Sepia mestus*）身上见过最成功的乌贼伪装。这种乌贼体形较小，只有大约 15 厘米长。这个冷酷的名字（又名“收割刀乌贼”）有误导性，它们其实长得超级可爱，通常全身呈柔和的红色，带着黄色的眼线。我在一些海藻中发现过这种乌贼。有一次我们看见了彼此，它看上去非常警惕，一直在海藻间和岩石边周旋，始终用障碍物隔开我俩，以此来回避我。某一刻它消失在了一处平坦的、周围散落着一些石块的通道中。一转眼我就找不到它了。

我知道这些乌贼可以变得像斑驳的石块，所以我非常自信，以为能发现它躲在哪里，试图伪装成一块石头。这条通道中间有一小块石头。我看着这块石头想道：好吧，这应该是一块真的石头。我游到通道的另一端，想着它看我停在这里就应该会出现，但还是没有任何迹象。我又回来再次观察这条通道，那块石头还在那里。我靠近一看，发现这块石头真的就是那只乌贼。它一发现我注视它，便放弃了伪装，慢慢变回深粉色。即使我之前的确就在同一个地方寻找过一只形如石块的小型乌贼，它还是耍了我。

我正在观察它如何变色时，一条绿色的海鳝突然张着嘴冲了出来，开始攻击这只乌贼。乌贼立刻从体内喷出墨汁。这些墨汁和章鱼、枪乌贼的一样，看上去像一团黑烟，就好像它们身上着了火。我试图向这个当时已经变黑的通道内部看去，只瞥到了这只乌贼无助地被海鳝甩来甩去的场景。我很自责，仿佛是因为我让这只乌贼分了心，才给了海鳝攻击它的机会。

墨汁还在不断地从乌贼体内翻腾出来。鉴于海鳝攻击的激烈程度，我很快就放弃了这只乌贼。然而，接下来它却从那团黑烟中冲了出来，身上的颜色异常鲜艳；身体呈奇怪的扁平状，鳍也呈扇状打开。它看上去非常茫然，也受了伤，但还能游。它只有身后有一块大的咬痕，黄色眼线还在。起初它以一种混乱的、晕头转向的方式歪歪扭扭地游动，接着校正了游动路线，向着另一片礁石游去。

看到乌贼这样，我惊叹不已。我以为海鳝已经是完美的捕食者，尤其擅长在石头和海藻间进行短距离捕食。它们是牙齿、肌肉和力大如蛇的组合。一旦被海鳝咬住，好像就没有任何翻盘的可能。乌贼没有牙齿、骨头或硬壳。和形如扁平的蛇的海鳝相比，乌贼看起来更像是一艘玩具气垫船。然而，它还是成功逃脱了。

研究人员认为，头足纲动物变换颜色，也就是它们最初演化出这种能力是为了伪装。头足纲动物放弃了自己的壳，开始在长着尖锐牙齿的鱼之间潜行，伪装行为可以帮助它们避免被捕食。和发送信号相反，动物通过伪装行为制造颜色是为了不被看见或者识别。一些物种随后会发展出信号传送行为，伪装机制也因此成了一种交流和播放信息的形式。现在，有些动物制造出颜色和图案是为了被观察者看到或注意到，不论对方是敌人还是潜在的配偶。

在伪装和发信号这些毫无争议的行为之间，还有一种名为吓唬展示（deimatic display）的行为。动物在逃避捕食者时经常会制造出戏剧性的图案。一般推测，这些行为是为了使敌人受到惊吓或者让它们感到困惑：突然变化和怪异的外形可能可以让捕食者停顿或者失去方向感。在这种情况下，动物摆出吓唬姿态是为了让捕食者注意到图案，但并没有向接收者发出任何信息。这种行为仅仅是为了迷惑对方或者制造混乱。

巨型乌贼交配期间，雄性个体会参与到仪式性的展示中，它们会在皮肤上展示出复杂的混合图案，还会扭动身躯。在澳大利亚南澳大利亚州海岸边的工业小镇怀阿拉附近，这种现象尤为显著。每年冬天，成千上万只巨型乌贼都会聚集到这里的岸边交配，在浅水区产卵。没人知道它们为什么会选择这个特定的位置，但是如果要观察头足纲动物最富戏剧性的信号传送行为，这里是绝佳的观察点。

体形较大的雄性乌贼会试图扮演某只雌性乌贼的“配偶”，它会独占对方，把其他雄性乌贼都赶走。当一只雄性竞争者靠近时，“配偶”和入侵者会开始各自显示图案，互相竞争。这两只雄性乌贼会靠得很近，并排躺在水中。每只雄性都会尽可能地舒展开自己的身体，通常都会形成柔和的身形曲线。它们身上会爆发出各种颜色和图案。舒展开身体后，乌贼通常还会旋转 180° ，向另一个方向拉长自己的身体。这种不慌不忙而且刻意的转弯，就像在跳法国国王的宫廷舞。相比之下，它们拉伸身体时像是在做求胜心切的瑜伽。

这种瑜伽和宫廷舞的组合足够帮助雌性乌贼判断出哪只乌贼体型更大。体形更大的几乎总是能够获胜，较小的那只会撤退。雌性乌贼会在水中静静地漂流，也许会紧跟着它兴奋的同伴，也许会四处游荡。如果它们最终真的在一起交配，用动物王国的标准来看，过程不算激烈。它们会头对着头。雄性章鱼会试图从前面抓住雌性。如果雌性接受了它，它会用自己的腕包裹住雌性的头部。完成这个姿势后，双方会静止几分钟。显然，在这一期间，雄性乌贼在用自己的漏斗对着雌性喷水。雄性会用自己左侧的第 4 条腕取出精荚，放到雌性口下方的一个特殊容器（即外套腔）中；雄性乌贼会快速打开精荚。之后，它们彼此会分离。

枪乌贼也会释放出很多信号，大部分都复杂且让人困惑。有些信号很明确，在很多枪乌贼中都很常见。雄性枪乌贼靠近雌性枪乌贼时，后者有时候会展示出分明的白色条纹，意思是“不，谢谢”。我很快会更多地讨论这类信号系统，不过，现在我想先梳理一下对乌贼颜色的一些想法。

让我们暂且接受“伪装和发出信号是头足纲动物改变颜色的两种功能”这个事实。也就是说，因为这两种功能，头足纲动物才演化出并保留了变色行为。即使头足纲动物变色的确有这两种功能，也不代表你看到的任何颜色都是作为一个信号或者一次伪装被制造出来的。我认为，一些头足纲动物，尤其是乌贼，有一种超越生理功能的表现力。很多图案看上去绝对不是伪装，而且当周边没有明显的信号“接收者”时，它们还是会制造这些图案。一些乌贼和少许章鱼能够完成一套几乎连贯的、万花筒般的变色过程，这种过程看上去和体外发生的任何事情都无关，反而像是对它们体内电化学骚动的一种无意识表现。一旦皮肤上制造颜色的机制和大脑中的电网相连接，所有颜色和图案都可能仅仅是体内运转机制的副产物。

以上就是我对很多巨型乌贼展示出的颜色的解读；很多这些颜色都是动物体内变化过程的无意识表现。这种图案包括耀眼的、突然涌现的和更微弱的变化。如果你仔细观察一只巨型乌贼的“脸”，也就是它眼睛和腕上半部之间的部位，你经常会看到一种微弱且不间断的颜色变化。也许颜色变化机制在“脸部”处于一种“空转”状态。我好几天都去拜访一只我称为布朗库西[①]的乌贼。它很少制造出鲜艳的颜色，但它有时候会把自己的一些腕固定成不寻常的形态，像雕塑一样完全静止不动，一直保持这个姿态——我能在它身边待多久，它就能保持多久。里层的一对腕像号角一样被它举起，但是它会把腕的顶部朝向海底。相比于颜色，布朗库西更偏好形状，但我只要仔细观察，就会发现它脸部的所有颜色都不断在发生小幅变化。我也经常在其他动物眼睛的下方看到那里出现稳定的脉冲变化，就像会动的眼影。

我同意乌贼如果想要严格地控制自己的皮肤，也是能做到的。它们可以非常快速地突然进入伪装状态或者摆出一种带有攻击性的姿态。从演化角度看，任何无助于信号传送或者伪装的颜色变化都是其他生理过程的副产物。如果这些副产物造成太多麻烦，也许会被抑制。但也许变色并不会带来什么坏处。更严格地说，也许这些

---

① 作者在这里以雕塑家康斯坦丁·布朗库西的名字命名这只章鱼。布朗库西是现代主义雕塑代表人物，其作品同时关注材质的运用和造型。——译者注

颜色变化对小型头足纲动物有害，比如会吸引到不必要的注意，但对巨型乌贼这种体型大到很多捕食者能从它身体中穿过的动物来说，并没什么害处。

另一种可能的解释和上文提到的对颜色感受的推测有关。假设通过改变颜色，头足纲动物能够影响光感受器接收到的光线，那么也许可以通过这类持续不断的小幅度变色探测周边环境的颜色。

我意识到，很多让我困惑的颜色变化也许是我触发的。观察它们展示这些图案时，我常常待在一边，试图和那些动物保持一段距离。我也曾经在一个章鱼洞前架好摄像机后离开几小时，就是为了观察它们在周围没人时会做些什么。这些章鱼经常会展示出一连串无法解释的颜色变化，甚至在身边没有其他章鱼时也一样变色（至少据我所知当时周围没有其他章鱼）。也许在这种情况下，它们把摄像机当成了目标观众。还有一种可能的解释就可以从更表面的现象入手。我认为这些动物有处理伪装和信号传送的复杂系统，但是这个系统和大脑相连的方式导致了各种各样奇怪的表达癖，就比如通过颜色持续不断、喋喋不休地表达。

狒狒和枪乌贼

信号发出，再被接收；制造信号就是为了被看见或被听到。为了更仔细地观察动物中信号发送方和接收方之间的关系，我们即将浮出水面，转向另一个研究。多萝西·切尼（Dorothy Cheney）和罗伯特·赛法特（Robert Seyfarth）这两位动物行为学研究中最有影响力的研究者，已经花了很多年时间研究非洲博茨瓦纳奥卡万戈三角洲的野生狒狒。

狒狒的一生中充斥着焦虑。它们不断受到来自非洲出色猎手的威胁，也需要应付紧张且不断变化的群落生活。狒狒们成群生活在一起。切尼和赛法特研究的群落中包含大概 80 只狒狒，它们之间有着复杂的支配等级。雌性狒狒留在它们的原生群落中，形成一种母系的家庭等级，每个母系等级下又会有更多的支配关系。大部分雄性狒狒长成年轻的成年狒狒后，会离开它们的原生群落移居到其他群落去。雄性狒狒的一生更短暂，也更艰难。它们的一生会面对更多暴力，还需要筋疲力尽地追逐和变着花样地表现自己。它们会频繁被其他狒狒击退或者需要击退其他狒狒。即使一个群落的成员组成维持稳定，群落内的雌性和雄性个体还是会面临挑战和改变，需要建立联盟和友谊，还要经常梳毛。

所有这些都被切尼和赛法特一丝不苟地记录在他们的《狒狒的形而上学》(*Baboon Metaphysics*)中。鉴于狒狒复杂的社会生活，它们之间存在交流也就不足为奇了。然而，狒狒只能发出非常简单的声音，一共就三四种叫声，主要是威胁声、表达友谊的咕噜声，还有表示服从的尖叫声。交流本身很简单，但正如切尼和赛法特在书中呈现的，交流有可能促成一些更复杂的行为。每只狒狒都有独特的发声方式，而且狒狒能够识别出刚刚发出喊叫声的个体，也就是说它们能识别出是谁发出了威胁，谁被击退了。通过巧妙的回放实验，切尼、赛法特和其他研究人员发现：狒狒听见一系列喊叫后，能够通过非常多样的途径来处理这些信息。

假设一只狒狒听到了一串从它看不到的地方传来的喊叫：A 发

出了威胁，B 做出了让步。那么，这串声音意味着什么？这取决于 A 和 B 是谁。如果 A 的等级高于 B，这串声音就不会让人惊讶或引起注意。但如果 A 的等级低于 B，这一串声音就足以令人惊讶，而且十分重要。这些声音表明等级制度将要发生变化，也就是一件和群落中众多成员都有重大关联的事情即将发生。在回放实验中，如果一连串喊叫声预示的是这类重要的事情，狒狒会有不同的表现——它们会变得更加聚精会神。正像切尼和赛法特说的，狒狒似乎能从它们听到的一连串声音中构思出一个“故事”。这是狒狒了解群落的工具。

我们可以比较一下狒狒和头足纲动物。狒狒的口头交流系统的发声非常简单，只有三四种叫声。个体的选择非常有限，一种叫声只会遵循某一种互动方式。不过，它们对叫声的诠释很复杂，可以根据发声顺序、强弱对比拼凑出一个故事。狒狒有简单的发声端和复杂的诠释端，复杂程度各不同。

头足纲动物的情况正好相反：它们的图案制造端极其复杂（可以说是无限复杂）。它们皮肤上有成百上千万个像素，而且每一刻都能制造出大量图案。作为一个交流系统，头足纲动物通过皮肤传递信息的能力可谓非同寻常。如果有编码信息的方法，还有接收信息的对象的话，那就可以用头足纲动物的这种系统表达任何事情。不过每个人都可以看出来，相比于狒狒，头足纲动物的社会生活简单得多。（我将在下文和最后一章讨论一些让人吃惊的现象，不过那些事实不会对这一比较产生影响。毕竟，没人认为头足纲动物的社会生活有狒狒复杂。）头足纲动物身上有一个非常强效的信号制造系统，但通过这个系统发出的大部分信号都不会被别人注意到。也许这样说并不准确：可能只是因为没有接收方来诠释大部分信号，所以通过这些信号传递出的信息就很少。皮肤上所有的喃喃自“语”，都让头足纲动物的很多体内活动变得可见。

20世纪70年代和80年代，马丁·莫伊尼汉（Martin Moynihan）和阿尔卡迪奥·罗丹尼奇（Arcadio Rodaniche）这两位来自巴拿马的研究人员大量记录过加勒比海礁枪乌贼（Caribbean reef squid）的信号制作过程。他们在野外跟踪这些枪乌贼很多年，详细记录下它们的行为。马丁·莫伊尼汉和阿尔卡迪奥·罗丹尼奇发现，枪乌贼制造的图案十分复杂，他们甚至提出了一个猜想：枪乌贼有一种视觉语言——还有语法，有名词、形容词等。这种认识非常激进。他们以专题论文的形式在一份非常权威的期刊上发表了这一观点。不过，他们的文章很特别：他们在文中描述了个人的反思，还有试图进入这些善变动物的世界的持续尝试。他们曾经成天戴着浮潜用的呼吸管，耐心地跟着这些动物。罗丹尼奇在这篇专题论文中绘制了精美的图示，他从科学界退休后成了一名艺术家。

这个关于视觉语言的观点，是通过呈现枪乌贼身上展示图案的复杂性而建立起来的。这其中包括颜色和身体姿态的组合，有一些像是我上文描述过的巨型乌贼展示图案的迷你版本。莫伊尼汉和罗丹尼奇记录下了他们看到的展示顺序，金色的眼线，深色的腕，向下指，带斑点的黄色，向上弯曲……在伯利兹时，我曾经在一块礁石上追逐过这种枪乌贼，为它身上图案的复杂性震惊。不过，莫伊尼汉和罗丹尼奇在自己的讨论中暴露了匹配不对等的情况，他们自已其实意识到了这个问题，但也许没有完全解决。交流是关于收发信息、说与听、制造与诠释的，也就是说，交流的过程需要两种互补的角色。莫伊尼汉和罗丹尼奇能够记录下很多非常复杂的信号，但是他们很少提到这些信号的具体影响，也就是这些图案是如何被接收者诠释的。他们能解释交配情景中一些意味明确的信号-回应的组合，但是他们观察到的很多展示都在交配以外的情境下被制造出来。

他们总共数出了大概30种仪式性展示，也从一系列展示组合中数出了很多图案。他们认为，这些图案一定有某种意义，但是大部分情况下他们给不出解释："根据我们现有的知识水平，我们自己无法诠释观察到的每个特定图案和其他图案传递出的信息或意义有什么区别。尽管如此，我们还是觉得必须假设任何两种能够区分开的序列或组合之间，一定存在功能上的区别。"根据他们自己的理解，枪乌贼相互之间的行为互动没那么复杂。那么，它们为什么会制造出如此复杂的展示？

这才是真正的难题。即使莫伊尼汉和罗丹尼奇多数了信号显示的种类，还太过牵强地把这些显示和语言进行类比，除去这些因素，仍然有一个挥之不去的问题：为什么枪乌贼看上去在表达很多信息。颜色、姿势和展示顺序很可能都有微妙的社会作用。后来的研究人员对莫伊尼汉和罗丹尼奇研究中的这一部分持有怀疑，但也许，枪乌贼的表达比我们已知的更丰富复杂。

在头足纲动物中，这些枪乌贼是最有社会性的。我希望之前关于狒狒和头足纲动物的对比足够鲜明。在头足纲动物继承至今的伪装能力中，我们发现了一种极其丰富的表现力，它们仿佛有一面和大脑直接相连的视频显示屏。乌贼和其他头足纲动物不断在身上输出信息。这些输出如果没被接收就会被淘汰。在某种程度上，动物之所以演化出这些输出，是因为自己需要被看到；有时候是用于伪装，有时候是需要引起敌人或者异性的注意。这面显示屏似乎也展示出了很多喋喋不休和低声细语的无意义表达。即使头足纲动物有着不为人知的色觉能力，但可以肯定，它们的很多彩色输出都没有被观察者接收到。相比之下，狒狒几乎无法表达太多信息。它们的交流渠道非常有限，但是它们可以从叫声中解读出更多信息。

这些例子中的信息传送都不完整，从某种意义上说，都处于未完成状态——不过，我们不该认为演化会导向某个目的。演化并没有朝着任何方向发展，不朝向我们，也不朝着其他任何物种发展。但在这两种动物身上，我无法不注意到这种未完成状态。在它们各自最基本的信号对偶形式中，也就是发送者和接收者、制造方和诠释方这种两方紧密相关的角色关系中，这两种动物都表现出了一种不对等 。狒狒们过着肥皂剧似的生活，经历着疯狂又紧张的社会复杂性，却没有太多方式去表达这些生活和情感。头足纲动物的社会生活更简单，需要表达的也更少，但它们表达出来的信息丰富到不同寻常。

交响乐

某个夏日傍晚，我穿戴好水肺潜入一个我偏爱的潜水地。我曾经在那里看见过很多巨型乌贼的洞穴。我潜下去后发现，那里有一只乌贼：体形中等，也许是雄性。即使隔着段距离，我还是能看见它身上鲜艳的色彩。它并不在意我的到来，也没表现出好奇或警惕。它非常平静。

我停留在它旁边，就在它的洞穴外。当它正面朝外、望向我身后的海水时，我观察到它改变了颜色。这一系列颜色变化非常迷人。我立刻注意到了一种铁锈般的颜色，与我们通常见过的红色和橙色不同。你也许会认为，我已经看了上百次动物所有的红色和橙色渐变展现，但这一次的颜色看上去非同寻常，是一种锈色般的红砖色。它身上还出现了灰绿色和其他红色，还有一些我无法描述的暗淡颜色。

观察这只乌贼时，我意识到这些颜色变化有种协调性，而且变化方式之多超过我眼睛的追踪能力。这让我想起了音乐，想到了和弦的叠加变化。虽然我无法追踪具体的颜色，但它会连续或者同时变换好几种颜色，形成一种新的图案、新的组合，这些图案会持续一段时间或者立刻转换。它身上出现过深色–黄色–淡色–棕色的组合，还有我们熟悉的红色组合，以及其他一些图案。它到底在做什么？海水开始慢慢变暗，它所在的礁石下方已经相当昏暗。它身上没有展示出很多图案。我停在一边，尽可能保持静止，也尽可能降低呼吸频率。它面向我的那只眼睛看上去快要合上了，但我知道，即使乌贼快完全闭上眼睛了，它们能看见的东西也比我们预计的多。

它向洞穴外正在变暗的海水看去，黄绿色的海藻在水中波动。从海藻的漂动状态看，我怀疑这只乌贼也许在根据周围环境“被动地”制造颜色，反映出自己接收到的混合色信息。但它的颜色似乎变化得更有秩序，而且它身上的很多颜色和体外环境的色彩并无相似之处。它不断地转换着和弦。

我低身蹲在海藻间，突然意识到它之所以极少注意到我，也许是因为它正处在熟睡或深度休息的半睡半醒状态。也许它大脑中控制皮肤的那部分正在自行变换出一系列颜色。我想知道这些图案是否是乌贼的梦，因为我想起狗做梦时会发出一些微弱的呜咽声，爪子也会动。除了微微调整虹吸管和鳍使自己悬停在同一处以外，这只乌贼几乎没有做其他任何动作。除了皮肤上的颜色和图案不断更替，它似乎在尽可能地减少身体活动。

接着，情况开始发生变化。它的身体似乎变得僵硬或者收缩了起来，皮肤上开始展示出一长串图案。这是我见过的最奇怪的系列变化，况且当时周边好像并没有这些图案的接收目标或对象。几乎在整个展示过程中，它都距离我很远，面朝大海。接着，它收回自己的腕，露出自己的口。它把自己的腕卷在身体下方，摆出投掷导弹的姿势，然后制造出一种火焰般的黄色。我不停打探四周，想知道它是否在观察其他生物，比如另一只乌贼或者其他一些入侵者，但它周边没有任何其他生物。它从某一刻开始侧向拉伸，这是雄性乌贼之间彼此竞争时会做的动作。接着，它把自己拉扯成一种极不寻常的扭曲状，皮肤突然变成白色，腕被拉回到头部上方和下方。之后，这一连串动作逐渐趋于平静。我撤退了几步游向高处，停在洞穴旁边，不正面对着洞口，看着这只乌贼平静下来。接着，它又突然摆出一副疯狂攻击的架势，腕伸得笔直，像薄剑一样锋利；它的整个身体都呈现出一种亮黄–橙色，好像管弦乐队突然奏出一段胡乱、不和谐的和弦。它的腕尖像针一样，身体也开始变得像盔甲，覆盖着参差不齐的乳突状突起。接着，它开始稍稍游动，有时候面向我，有时候面向海水。我再次怀疑它所有这些行为是否在针对我，但如果这是一种展示，那似乎针对的是所有方向。况且，当它第二次开始做出这一系列行为时，也就是当它爆发成黄橙色和摆出针状腕的姿势时，我已经从洞旁向后撤退了。

它依旧面朝外，开始从最狂躁的状态中放松下来。虽然它继续展示出一些排列图案和姿势，但都慢慢趋于平缓。接着它又开始一动不动，腕垂挂着，皮肤又开始在红色、锈色和绿色——这些我到达时它就在制造的混色中平静交替。它转过身，看着我。

这时，我开始觉得身体发冷，海水变得更暗。我在它身旁也许已经待了 40 分钟之久。现在它已经平静下来，体内奏响的交响乐又或是说一场梦境已经结束。我游走了。

6

我们的心灵与他者的心灵

从休谟到维果斯基

在所有哲学领域最著名的篇章中，有一段是大卫·休谟在1739年探索自己的内心、试图寻找自我的论述。他试图找到某种持久的自我，这种自我是永恒且稳定的，经历了各种杂乱的经验后依旧能存留。他表示自己找不到这样的东西。他能找到的一切不过是一连串快速的图像、瞬间的激情，等等。他写道："我总是偶然感受到这样或那样的某种特定的知觉，冷或热，光亮或阴暗，爱或恨，痛苦或者愉悦。我从来没有逮住过没有知觉的自己，而且除了知觉，也从没观察到过任何其他东西。"休谟认为，作为个体，他是由这些感受和知觉组成的，除此之外别无他物。一个人不过是一捆或者一批图像和感觉，"这些图像和感觉以一种令人难以置信的速度相互接替，处于一种永恒的不稳定和变化之中"。

休谟的向内探索为本章提供了一个不错的切入点，因为每个人都可以做到他所做的。尽管休谟很确定自己的知觉清单，但当我们开始探索自我，一定会发现两个他没有提及的选项。首先，休谟把自己的向内观察所得描述为一种感觉的“接替”（succession）。更准确的说法似乎是，我们发现每时每刻都存在的感觉组合（combination）。我们的经验感受通常会整合成一个“场景”，是一种整合了视觉信息、声音、对自己身体的感受等的混合物。我们的经验感受并不是一种接着一种的印象，而是每一刻都有几种印象捆绑在一起。随着时间流逝，一种组合逐渐变成了另一种组合。

休谟错过的另一件东西更加显而易见。当我们向内观察时，大部分人都能发现一种*内部言语*：伴随着我们大部分有意识生命的独白。这种内部言语包括我们想表达或者希望自己能表达出的各种句子和短语、感叹、闲散评论和演讲。也许休谟没有在自己的内心发现内部言语？有些人比其他人更容易注意到自己的内在独白。也许休谟的内部言语比较微弱？这不是不可能，但我觉得更可能的情况是虽然休谟听到过内部言语，但他把内部言语当成了感觉的一部分，而不是其他什么特殊的东西。我们的感觉中包括颜色、形状和情感，也包括语言的回音。

休谟对内部言语的忽视也许还受到他哲学观的影响，也就是他想要为之辩护的理论*形态*（shape）的影响。艾萨克·牛顿在休谟提出上述想法的大约50年前发表了他的物理理论，休谟由此受到启发。牛顿对这个世界的认知是，它由微小的物体组成，这些物体的运动遵循运动定律以及物体间的万有引力定律。休谟的目标就是用同样的方式来解释我们的内心活动，他认为自己发现了一种存在于感官印象和观念之间的“吸引力”，是对牛顿提出的物体间存在引力的补充。休谟想要以准物理学的思路研究心灵的科学，把观念的变化看作心灵原子的运动。内部言语的特殊属性和休谟的这个计划不太相关，休谟盘点自己内心活动后的所得也契合他的哲学目标。在休谟逝世近两百年后，不同意休谟世界观的美国哲学家约翰·杜威（John Dewey）评论道："休谟每次在探索自己那些源源不断且不稳定的内心活动时所发现的'观念'，完全可能是一连串被无声表达出来的语句。"

大概在杜威发表这些评论的同一时期，也是苏联早年的动荡时期，一位年轻的心理学家正在发展一套关于思维和儿童发展的新理论。列夫·维果茨基（Lev Vygotsky）在现在的白俄罗斯长大，父亲是银行家。1917年俄国革命爆发时，维果茨基刚刚结束自己的学生生涯。他和当地政府内部的布尔什维克党共事了一段时间，支持马克思主义，在马克思主义的框架下提出了自己的心理学理论。维果茨基认为，儿童在成长过程中，从仅仅有简单的反应到有复杂的思维发生了一次转变，他们内化了语言的媒介。

日常言谈（比如表达和听到信息）在我们的生活中扮演着组织者的角色：帮助我们组织想法，让我们关注事物，协助我们有序采取行动。维果茨基认为，儿童获得口语能力后，也同时获得了内部言语；儿童的语言分流成内部和外部两种形式。维果茨基认为，内部言语不仅仅是一种没有说出口的日常言谈，还有自己的模式和节奏。这个内在工具让我们有能力组织想法。

扎根于苏联发展的维果茨基没有对西方的思想文化产生什么影响。1930年左右，他在个人和智识层面都经历了危机，开始修改他的理论。他还受到指控，说他的研究中有"中产阶级"成分。1934

年，年仅37岁的维果茨基离世。

维果茨基的《思想与语言》的英文版（*Thought and Language*）于1962年出版，他至今仍被视为心理学界的边缘人物。不过，当今学界包括迈克尔·托马赛洛（Michael Tomasello）在内的一些重要学者，都认可维果茨基产生的影响（我记得我第一次看到维果茨基的名字是在托马赛洛一本知名著作的致谢里），但也有很多人依旧不承认。无论有无得到认可，在我们试图理解人类心灵和他者心灵的关系时，维果茨基勾勒出的蓝图正在发挥越来越重要的作用。

肉体组成的世界

语言（即我们的听说能力）的心理作用是什么？尤其是那些喋喋不休、冗长且不得要领的内部言语，它们有什么作用？不同的人对此持有针锋相对的观点。一些人认为，内部言语就是无用的评述，它们只是浮在心灵表面的小泡沫，不是很重要。而包括维果茨基在内的另一些人认为，内部言语是至关重要的工具。查尔斯·达尔文在1871年发表的《人类的由来》（*The Descent of Man*）中有一段简要但很著名的关于语言的评论。他表示，复杂的思想需要语言，不论这语言是内在还是外在的。

> 即使在最不完善的语言方式有机会发展并得到试用之前，人类某一辈远祖的各种心理能力一定已经比今天任何种类的猿猴都发达得多。但我们可以有把握地认为，语言能力的不断试用与持续推进会反映到心理层面，促使和鼓励它去进行一长串

一长串的思考活动。如果不用数字或代数，进行步骤较多的烦冗演算是不可能的。[①]

乍一看，这种观点似乎应当成立：从前提开始，一步步推导到结论的复杂思考过程，一定需要语言或者某种近似语言的辅助。如果没有语言，好像就无法有组织地处理内在信息。

然而，以上这段的最后一句所支持的立场和事实不符 。目前越来越多的证据表明，在没有语言辅助的情况下，有些动物也可以进行非常复杂的内心活动。回忆一下上一章提到的狒狒。它们生活在有着复杂同盟关系和等级制度的社会群落中，发声很简单，只有三四种叫法，但是它们听到信息后进行的内在处理要复杂得多。它们可以识别出每只个体的叫声，分析由不同狒狒发出的一连串叫声，然后对周围发生的事件进行诠释——而这种诠释，远比任何狒狒能说出口的内容更复杂。它们构思出这些故事后会通过某种组合想法的方法，让这些想法被整合后能远远超过单个交流系统所能传达的信息。

狒狒的例子尤其有说服力，还可以举出其他动物的例子。近些年来，我们特别在乌鸦、鹦鹉和松鸡等有贮食行为鸟类的研究上取得了稳步且惊人的进展，增进了对它们行为能力的认识。剑桥大学的妮古拉·克莱顿（Nicola Clayton）和她的同事开展了一项长期研究，他们发现鸟类可以在成百上千个不同的地方储存不同的食

① 译文选自潘光旦文集第14卷《人类的由来及起源》，第128—129页，北京大学出版社，2000年。——译者注

物，日后还能取回这些食物；而且它们不仅能记住把食物放在了哪里，也能记住每个位置放的是什么食物，所以会先取出最容易腐坏的食物，暂时留下可以存放很久的食物。

早在20世纪早期，维果茨基就意识到了上面提到的一些观点。他注意到，一些动物学研究开始发现动物有复杂的思想，而这些现象能颠覆他的理论。维果茨基起初认为，语言的内化对任何形式的复杂内部信息处理都必不可少，但是他后来注意到了沃夫冈·科勒（Wolfgang Köhler）对黑猩猩的研究。科勒是德国的心理学家，大概在一战期间，他在加纳利群岛特内里费岛上的一个野外测站工作了四年。他在那里研究了9只黑猩猩，尤其留意观察它们在全新的环境中会如何获取食物。科勒说，这些黑猩猩有时候看上去有“洞察力”，可以自发解决之前从未遇到过的问题。最有名的例子就是，它们会把盒子叠起来，然后爬上盒子堆，伸手去够那些被挂在高处的食物。科勒的研究，削弱了“语言和复杂思想之间存在必然联系”这一观点的合理性。

即使在关于人类的研究中，我们也能找出支持科勒结论的证据。加拿大心理学家梅林·唐纳德（Merlin Donald）在1991年发表的《现代心智的起源》（*Origins of the Modern Mind*）中使用了两个“自然实验”。他首先查看的证据是，在文字尚未出现且还未开发出手语的文化中，听力有障碍的人是如何生活的。他认为，如果语言是复杂思想不可或缺的一部分，那么我们会设想这些人很难正常生活，但事实并非如此，他们的生活比我们想象的正常。其次，他提到了广为人知的“约翰神父”的例子。这是安德烈·罗克·勒库尔（André Roch Lecours）和伊夫·约内特（Yves Joanette）在他们1980年的论文中讲述的一个故事。约翰神父大部分时间都很正常，但是偶尔会突发失语症。在偶发失语症期间，他失去了所有的语言能力，不论是说话还是理解，不论是对外表达还是喃喃自语。失语症发作时他依旧有意识；有时候他会在公共场合中突然失语，这时候就需要尽可能地发挥创造力去应付当时的局面。勒库尔和约内特在那篇论文中讲述了一段插曲：约翰坐火车来到一个小镇，突发失语症，但他需要找一家旅馆，再吃点东西。他通过手势完成了这一切（包括在面对一份无法辨认的菜单时，指向自己认为正确的菜名），并且他是在没有任何语言流来组织思想和动作的状态下完成的。如果“语言是复杂思想必不可少的一部分”这一观点是正确的，那么我们设想约翰在偶发失语症的状态下能做成的事情应该比实际看到的少得多。约翰之后在描述这些插曲时表示，这些状况很难应对且让人困惑，但他确实能应付过来，而且从心智层面来说：他的确*在场*。

讨论语言和复杂思想的关系时，两边的极端观点都越来越站不住脚：语言是思想的重要工具，内部言语也不只是浮在心灵表面的小泡沫。但是，组织观点不一定依赖语言，语言也不是复杂思想的唯一媒介。我在本章开篇提出，休谟的内心活动清单让人意外，因为他忽视了内部言语，但你也许能以同样的反应来回应我引述的约翰·杜威的评论。杜威推断，休谟的“观念”*只*是一系列无声表达的词语。即使的确存在无声的词语，那么，当休谟说出他也感受到“热或冷，光亮或阴暗，爱或恨”的时候，他是否说错了呢？杜威自己也肯定经历过上面这些。这两位哲学家的清单似乎都不完整。

语言在我们的心智中扮演的角色，也许和达尔文概括的没有太大差别，虽然达尔文太过强调语言。语言为组织和处理思想提供了一种媒介。哈佛大学的苏珊·凯里（Susan Carey）近期在实验室开展了一项幼儿研究。她观察儿童，看他们从什么时候能开始用假言推理（disjunctive syllogism）。假设你知道 A 或 B 是对的，那么如果你知道 A 不对，就应该可以得出结论：B 是对的。那如果儿童还没有储备“或”这个词的话，他们能够遵循这一推理逻辑吗？在很长一段时间里，人们认为儿童总是可以完成这类推理，但现在看来，他们必须先学会“或”这个词才能开始进行相关的心智过程。（比如，这张贴纸在这个杯子底下或在那个杯子底下，已知贴纸不在这个杯子底下，那么……）厘清这类研究中涉及的因果关系一直都不容易，但这个实验结果看上去非常符合维果茨基的理论。

所有这些行为和现象的内部运作机制是什么？词语是如何被组织出想表达的意思的？这些问题的答案都包含着极大的不确定性。不过，我会在下文中概述一个看似合理的模型，是借鉴了不少学者的研究后建立起来的。

日常交谈既起到输入，也起到输出的作用。听闻是心智的输入端，言说是输出端。我们既说也听，可以听到自己说话的内容。就连大声对自己说话，也可以是一种有效解决问题的办法。我现在把我们熟悉的事实和脑科学中一个越来越重要的概念结合在一起：感知副本（efference copy）。介绍这一概念最好以视觉为例。

当你转动头部或者转移视线时，视网膜上的成像也在不断变化，但你不会因为这种变化而让自己对周围物体的感知也相应发生变化。你不断校正视线转移带来的影响，如果环境中的某个东西确实移动了，你会注意到这一变化。在这种情况下，你需要追踪自己关于行为的决定。有了感知副本机制，当你决定开始行动后，它便会向你的肌肉发送某种“指令”，也同样会向大脑的视觉处理区域发送这个指令的微弱版本（大概就是这个指令的“副本”）。这样大脑的视觉处理区域就可以把你自己的移动也考虑进去。

在第4章讨论演化是如何在行动和感官之间创造新的通道时，我已经介绍了感知副本这一概念，只是没有点明这个术语。很多可以自行移动的动物，都需要处理自己的行为给自己的感官带来的影响；这就带来了一个区分的问题：感知到的信息发生变化时，如何区分这种变化是外界发生重要变化后带来的，还是自身的行为动作导致的？

这些机制不仅能够帮助解决知觉上的问题，还会在复杂的行为中发挥作用。当你决定采取行动时，感知副本可以告诉大脑：“鉴于我刚刚做的一切，周围应该就是这样的环境。”如果看到的有别于预估的情况，那也许是因为周围发生了变化，也可能是因为你的行为没有发挥出预期的效果。你经常需要想清楚：自己尝试做某件事的意图，是否真的在让你做那件事。你推一张桌子时知道会有怎样的感觉。如果你感觉到的有别于你预期的，这也许是因为桌子下面有滚轮，或者是因为你完全没有推动这张桌子。

现在，我们可以把这个理论应用到关于言谈的讨论中。每个人都希望自己说出预期要说的话，但是说话是非常复杂的行为。说话时发送出的感知副本，让你可以把已经说出的话和内心原本的所思所想进行比较；你可以用这种方法来判断是否“以正确的方式说出了”那些话。我们大声说话时，身体内部同样会记录我们打算说的话，然后我们可以判断自己有没有说错话。日常言谈的背后包含了某种内在的准说话（quasi-saying）和准听力（quasi-hearing）机制。

讨论到现在我们已知，日常言谈背后的这一机制能协助控制复杂的行为动作。但是这些言语的听觉图像，也就是这些内在的、说话者准备说出的句子，似乎还扮演了其他角色。一旦我们生成这些近似口头言语的句子，以此来核对我们实际说出的内容，把那些我们并不打算说出口的句子（那些仅在内部发挥作用的句子和只言片语）组合在一起，似乎也不会太困难。我们听觉想象中形成的句子创造了一种新的媒介，也是一种新的行为场域。我们能造出句子，能感受把句子说出口后的结果。我们内心听到有些词语是如何被组合在一起之后，也可以学会如何把相关的想法组合在一起。我们可以按顺序把词语和想法排列好，把不同的可能性组合在一起，排好顺序，发出指令，鼓励行动。

我在上文中提到，休谟在描述自己对内心活动的观察时忽视了内部言语，杜威曾就此给出过自己的见解。杜威认为内部言语很重要，但是觉得它主要还是消遣性的，作为一种讲故事的载体。奇怪的是，杜威并没有讨论内部言语的其他作用。也许是因为杜威的哲学兴趣偏社会性，他认为，我们做的大部分重要事情都发生在公共场合。对维果茨基来说，内部言语扮演着执行控制的角色。内部言语赋予我们一套能够按照正确的顺序完成动作的路径（首先关闭总电源，然后拔掉机器的电源），能对我们的习惯和一时兴起的念头施加一种自上而下的控制（不要再吃下一片了）。内部言语也可以是进行实验的媒介，可以把想法放在一起，看看这个组合会产生怎样的结果（如果我可以像光一样移动，这个世界看起来会是怎样？）。根据丹尼尔·卡内曼（Daniel Kahneman）和其他心理学家使用的术语，以上是系统2思考方式。这是一种缓慢且审慎的思考方式，我们遇到新状况时就会采用这种方式思考；对应的是快速的、凭借习惯和直觉的系统1思考方式。系统2试图遵循正确的推理规则，尝试从不同角度看待问题。这种方式迟缓但强大。我们正是用系统2来避开诱惑（如果我们受到了诱惑的话），评估是否能通过某种新做法来完成任务。

内部言语似乎是系统2的重要组成部分，可以用来考虑行动的后果，也可以调动理智来应对诱惑。为了向詹姆斯·乔伊斯混乱的意识流独白致敬，丹尼尔·丹内特（Daniel Dennett）把内在嵌入语言比作我们大脑中的乔伊斯机器（Joycean machine）。感知副本系统这样普通的机制，到底是如何产生了如此强有力的内部言语？如果内部言语仅仅是漂浮在我们体内的少许语言，那不可能带来这么多影响。

也许和处理内部言语句子的方式有点儿关系。和大脑对日常言谈的使用类似，对大部分大脑来说，内部言语也在发挥作用。确实，日常言谈和内部言语极为相似，这导致人们容易把只存在于他们听觉想象中的声音误认为实际听到的。在2001年的一个实验中，测试者被要求戴上耳机聆听随机发出的、没有任何特征的噪声，他们被告知《白色圣诞节》这首歌也许会偶尔很轻声地穿插在这些噪声中。如果他们确定自己听到了这首歌，就按一个按钮。大约有三分之一的测试者至少按过一次按钮，但实际上，实验过程中从来没有播放过这首歌曲。对这次实验结果的一般分析是，测试者想象出了他们应该会听到的曲调，有时候会把自己的听觉意象误认为真的听到了这首歌。我们在大脑中虚构的声音（包括词语发声在内）会在我们脑中广播，就和广播其他很多日常的知觉体验一样。内部言语的句子一旦构成，就会和我们真正听到的句子一样经过相同的信息处理流程。于是，一个新的想法组合或者劝导自己采取某种行动的声音就这样出现了，供大脑参考；内部言语可以和日常口头语言发挥同样的影响。包括《白色圣诞节》等实验在内的研究结果，为精神分裂症的常见症状提供了更多解释。伴有这种常见症状的患者能“听到声音”，这种“知觉”会扰乱他们的行动，瓦解他们的自我感。

显然，内部言语是我们体内帮助自己进行复杂思考的工具。另一种工具是空间意向，也就是内在想象出来的图像和形状。英国心理学家阿兰·巴德利（Alan Baddeley）和格雷厄姆·希契（Graham Hitch）在他们于20世纪70年代完成的具有里程碑意义的研究中，给出了一种关于工作记忆的模型。工作记忆是我们所有人都有的一种短期储存记忆，用于储存一些正在保留或使用的信息；这种储存通常是我们有意识的，时时刻刻都在进行的。巴德利和希契认为工作记忆有三个组成部分：一是可以播放类似于内部言语等想象的声音的语音环，二是被我们用来处理图像和形状的视空图像处理器，三是协调这两套子系统活动的中枢系统。内在图像和形状与内部言语在某些方面有着天壤之别，但它们也是协助复杂思考的工具，可能在感知副本机制中有着相似的起源；在这种情况下，两者都由我们对手上动作和手势的控制启动。

这个领域还有很多空白。在我概括的这幅蓝图中，一些主要特征还只是来源于推测，并没有证据支持。内部言语的起源和感知副本机制中类似于内部言语的存在，都还没有得到证实，目前都只是假设。但也有一种可能，内部言语和内部表象（inner imagery）有着不同的起源，它们也许纯粹出自想象本身，和远古时期产生复杂动作的机制的产物相似只是纯属巧合。

有意识的感受

内部言语以及相关的内部图像（inner sketch）和形状，都会对主观经验产生巨大影响。任何一个正常人都有一个可以任意处置的区域，用来完成无数看不见的动作。在那里，所有的随声附和、评论、喋喋不休与巧言蜜语，都和我们其他的内心活动一样生动。你可以一动不动地坐着，观看一个一成不变的场景；即使面对静止的事物，你的心智还是可以活跃，可以在内心杂乱无章地布满这些场景。对很多人来说，内部言语的主观性非常显著，很多人都抵挡不住，需要通过冥想来摆脱这些无休止的喋喋不休。

人类思维中的这些特征，可以帮助我们了解主观经验起源的哪些东西呢？我在第 4 章中概述了一个解释框架，从两部分入手。首先，一些主观经验的基本形式，是基于动物生命中广泛存在的特征产生的。我以疼痛感为例展开说明。第二部分是关于更复杂的主观经验的演化，即带有意识（这里取更本质的意思）的经验。

我认为，内部言语以及类似的存在，也就是我在本章中讨论过的这些工具，都可以填补主观经验讨论中的空白。我在第 4 章中介绍了最初由神经生物学家伯纳德·巴尔斯提出的全局工作空间理论。巴尔斯借助内在的“全局工作空间”（可以把很多信息组合在一起的地方）来尝试解释带有意识的思想。在巴尔斯看来，我们大脑中的大部分活动都是在无意识的情况下进行的，但是其中很小一部分可以通过进入工作空间被我们意识到。

巴尔斯在 20 世纪 80 年代末首次提出这一观点，当时看上去似乎很接近那些试图在大脑中找到一个特殊区域（即人的思维通过某种方式变得主观的区域）来解释意识的老观点。巴尔斯赞成这种空间上的比喻，他的工作空间就像一个中央舞台。我见过有人在为工作空间这个观点辩护时，因为遇到下面的问题而陷入困境：“是什么使得这个工作空间变得特别？里面住着一个小人吗？”空间工作理论刚发表时听起来像是一派胡言乱语，但巴尔斯确实发现了点什么，受到该理论启发的科学研究也验证了这个空间的存在。

巴尔斯的出发点之一，是他认为人类的主观经验是整合在一起的。来自几种不同感官和我们记忆的信息汇集在一起，让我们感受到自己在哪个整体的“场景”中栖息和活动。第二代工作空间理论由法国神经生物学家斯塔尼斯拉斯·德阿纳（Stanislas Dehaene）和利昂内尔·纳卡什（Lionel Naccache）于 2001 年提出。德阿纳和纳卡什认为，人类带有意识的思想和那些使我们无法遵循惯例去处理的新状况和新动作之间，存在一种特殊的关系。当惯用手法失效或者无法应用到当下的实际情况中，我们开始有意识地采取新的处理方式来应对这些任务。规划出新动作经常需要把几种不同的信息汇集在一起，再看看能从中得出什么结论。德阿纳和纳卡克认为，带有意识的思想让我们能够在考虑“大局”的情况下完成经过深思熟虑的新动作。

这种思路通常被称为“工作空间理论”，但人们描述这个理论时一直有两种说法。巴尔斯、德阿纳和纳卡什还会用广播（broadcast）来描述意识的运作：在整个大脑内广播信息让人们能意识到信息。有时候，这些学者对这个理论的讨论让我们觉得“工作空间”和“广播”都是必要的提法；而有时候它们似乎只是帮助我们理解同一个东西的两种比喻。

不过，我认为这两个比喻非常不同。在上文的讨论中，“广播”甚至都未必只是个比喻。通过广播进行整合，这个观点应该被视为内在工作空间观点的替代提法，而不是它的另一种表达方式。采用“广播”模型时，我们不会受到“这个内在空间在哪里？是谁在观察这个空间？”等问题的困扰。下一步就看内部言语和其他类似的存在能否提供一种“广播”方式。内部言语为我们提供了一种能够按照某种特定线路在大脑中发送、评估和使用信息的方法。内部言语并不存在于你大脑中的某个小盒子里，而是大脑通过内部言语制造回路，把构建和接收想法的过程交织在一起。完成所有这一切后，语言提供的格式让你可以有组织地整合想法。

我介绍的不是一个完整的内在广播理论，也没有面面俱到地介绍内在广播理论和有意识的思维之间的关系。德阿纳和其他的神经科学家正在研究的“广播”和信息整合机制，可能与内部言语没有任何关系。不过我确实认为内在广播是整幅蓝图中的一部分；而且内在广播也是使用感知副本和内部言语来解释人类感受特征的一种方式。

还有另一种可能的解释。长期以来，大家一直认为高阶思想（higher order thought）似乎和意识存在着某种联系。这是关于你自己思想的思维；这种思想需要你从当前的经验流中退后一步，斟酌出一个关于你当前感受的想法：比如“我为什么现在心情如此糟糕”，或者“我几乎没注意到那辆车”。很久以来研究人员一直认为，高阶思想在关于主观性和意识的理论中承担了某种角色，然而具体是什么角色还不清楚。有些人认为对任何主观经验来说，高阶思想都是必要的。鉴于大部分动物都不太可能有高阶思想，这个观点最终可能和我在前几章中提过的主观经验的后来者观点趋同。另一种可能是，高阶思想是人类生活中极其复杂的一种特征，能重塑主观经验，尽管并不是高阶思想本身让人类产生了主观经验。

我偏好第二种解读。我反对把高阶思想视为使我们感受到主观经验的唯一必要的额外步骤。高阶思想是整张蓝图中的一部分而不是全部，虽然可能是特别重要的一部分。在所有有意识的思维中，最生动的形式也许就是把注意力对准我们自己的思考历程、对它们进行反思，以自身来体会它们。我们可以向内观察自己的内在状态，并且不依赖语言地思考它们；但是在“我为什么那么想”或者

“我为什么有那样的感觉”这些不可否认的意识下，内部言语的作用十分显著。我们经常通过形成内在问题、评论和劝告来反思自己的内在状态，而且这种反思并非没有价值或者仅供消遣；没有这种反思的帮助，我们就不可能做成一些事情。

完整的回路

没有人知道人类的语言存在了多久，也许已经存在了50万年，也许更短。语言是如何从很简单的交流形式演化而来的？对此也有很多争议。不论语言是如何形成的，它的出现都改变了人类的演化路线。通过一些我们目前只能靠推测展现出的路径，语言也经历过内化，再成为思维机制的一部分。这种内化（也就是维果茨基说的过渡）是一次重要的演化事件，也是本书中讨论的第二个重要的内化过程。我在第2章中讨论过，第一次重要的内化过程发生在这个事件的数亿年前。在动物演化史的初期，细胞演化出了感知和发送信号的新方法，它们通过这些方法来和彼此、和外界环境的其他部分互动，赋予这些活动装置新的功能角色。细胞和细胞之间的信号传递被用来构造多细胞动物，而一些多细胞动物体内也出现了一种新的控制装置：神经系统。

神经系统的出现，始于感受和信息收发的内化，语言内化成思考工具是另一次内化。在这两种情况下，生物个体间的交流方式都变成了生物内的。这两次内化事件标志了迄今为止发生过的认知演化：一次发生在认知演化的开端，另一次发生在近期。最近这次不是接近整个演化过程的“末端”，而是接近演化到现在的这个过程的末端。

从其他方面看，这两次内化有不同的形态。在神经系统的演化中，信息收发的内化通过把生物变大实现，通过扩张生物的边界来囊括曾经独立的生物。在语言的内化中，生物的边界不变，但是它们在体内搭建起了一条全新的路径。

在第 4 章我讨论了感官和行动之间的联系如何从简单的向前单向流动变成了更复杂的形式。最简单的就是既有感官输入，也有某种输出：你的行为取决于你看到了什么。即使在一个细菌体内，因果箭头也能反转：行为能对之后感觉到的内容带来实际影响。但是在有神经系统的动物体内，连接感官和行为的回路变得更加丰富，这些回路由动物自身记录下来。你的行为动作不断改变你和周边环境的关系。对于试图了解这个世界的动物来说，行为影响感觉第一次成了一个麻烦。当你做的每件事都会影响这个世界看起来的样子时，你如何追踪周围环境中的新事件？不过，这个一开始出现的问题后来可以成了一种机会。

1950 年，德国心理学家埃里克·冯·霍尔斯特（Erich von Holst）和霍斯特·米特斯塔（Horst Mittelstaedt）介绍了一种讨论这些关系的框架。我在本章的前文中用了他们的一个术语：感知副本。现在我将继续概述这个框架中的一部分内容。他们用传入（afference）这个词来指代通过感官吸收到的所有信息。这些信息中有的来自周边物体的变化，这种信息叫作外传入（exafference，“外”指的就是外界）；还有的源自你自身行为的变化，这种信息叫作自传入（reafference）。动物面临的挑战就是区分这两种传入。自传入使知觉变得更加模糊。如果你自己的行为不会改变感官吸收到的信息，某种程度上你会活得更轻松一点。

应对这个问题的方法之一，就是通过我描述过的“感知副本”机制。你移动时，身体会向负责知觉的部分发送信号，告诉它们忽视一部分传入信息：“别担心，只是我在动。”

自传入带来了问题，也带来了机会。你可以用有助于吸收信息的方式影响自己的感官。这样做的目的不是消除感知到的不必要的信息，而是用自己的行动给知觉提供信息。一个简单的例子就是写下什么东西，比如给自己写一条留言，稍后阅读。你现在行动了，改变了周围的环境，之后会感知到自己的行为带来的影响。这使你能在未来的某个时间点做一些在现在的你看来合理的事情。

写下一条留言然后阅读，这就是在创造一个自传入回路。与其只想感知那些并非起源于你的事情，比如在感官噪声中寻找外传入信息，你也希望自己读到的信息完全源于之前的行为。你希望你记录下的内容源于自己的行为，而不是其他人的干预或笔记本的自然腐朽。你希望现在的动作和未来的感知之间有固定的回路。这让你可以制造一种外部记忆——几乎可以肯定，这就是早期书写的作用（很多是商品名录和交易往来的明细），也许一些早期图像也发挥过这样的作用，但是具体作用不像书写那么明确。

当手写下一条信息是为了给其他人看时，日常交流就形成了。当你写下给自己以后看的文字时，时间通常扮演着一个必不可少的角色，因为从广义上看，这样做是为了记忆。但是这类记忆确实是一种交流现象；这是现在的自己在和未来的自己交流。和其他日常的交流一样，日记和写给自己的笔记都是一种发送者-接收者系统。

在第2章中我讨论了个体之间的交流所扮演的两种不同的角色，这些角色和研究人员对早期神经系统在生物内扮演角色的不同认识相对应。一个角色就是协调感知内容和行动内容：以保罗·里维尔的灯笼密码为例。另一个角色是协调一个单一动作的不同组成部分，比如划船时有人“喊节奏”。我在第2章中讨论过，这两种角色在大部分时间可以同时存在，不过它们之间的区别还是值得一提。我们现在也可以看到这两个角色之间存在联系，虽然在之前的讨论中并不明显。

当你为了提醒自己日后要完成某一事项而写下什么时，你是在制作一个未来的自己能够感受到的记号，某个你能感知到的东西。在这个方面，行动和感知的关系就像教堂司事和里维尔，只不过你留下这个记号是因为现在的自己要让未来的自己去做某件事情。从另一个方面看，行动和感知的关系就像身体活动的内在协调（塑造动作），虽然这种协调用的是一条贯穿到外部世界的因果回路。这种协调关乎留下一个日后能被自己感受到的信号。

在这些能发挥作用的回路中，有一些涉及体外运转，另一些在体内运转。感知副本是体内信息，也就是神经系统的活动。你转头观察周围，一切看起来没什么变化，这就是通过体内运转做到的。在这个行动对感官造成影响的例子中，内部信息被用来解决随之产生的问题。不过和体外的弧一样，这些内在的弧也提供了机会和新的资源。在上文中我介绍了内部言语起源的模型，其内部就是这样运转的。你打算说出口的话语的副本能够导致相关的无声行动，也就是那些能够增加可能性、把想法汇集在一起、进行自控的体内行动。内部言语有点像自传入（就像会影响感觉的行动结果），只是内部言语被束缚在体内，不会真的被听到（至少当这些机制正确运转时，它们不会被听到）。如果内部言语是大脑中某种信息的广播，那么它就像你大声对自己说话或者给自己留言时的自传入回路。不过，在这种情况下，自传入回路更紧密也更封闭，隐蔽而不公开。这是一个进行自由而无声的实验的场所。

当我们把人类的心智看成无数条这种回路的中心，就能用另一个视角来看待自己与其他动物的生命。这也包括我在本书中讨论的头足纲动物。它们有表现媒介，也就是它们的颜色和图案，但并不适合用复杂的回路去解释它们（即使不考虑它们还未被证实的色盲——即使是这样很有讽刺意味的因素，也还是不适用）。不论它们的图案有多复杂，这种展示还是单向的。这种动物无法像人类听到自己说了什么那样看到自己身上的图案。也许感觉副本并没有对皮肤图案发挥什么作用（除非关于色素体在皮肤感知中的作用的理论是正确的）。头足纲动物的图案变化展示出了强大的表现力，但只要我们观察单一一只（不是一对或一群）头足纲动物，就会发现这些图案展示并没有包含很多回路反馈，也许从来就没有过。人类的例子（也是动物世界中的极端例子）表明，自传入带来的机会有助于推动更复杂的心智演化。头足纲动物走的是另一条演化之路。

这不是头足纲动物生活中限制它们可能性的唯一一个方面。

图中的郁蛸正把腕绕在自己的头顶。本书所有的章鱼图片都是在澳大利亚和新西兰拍到的郁蛸。

这只章鱼制造出了非常接近它身后海藻的颜色。

接下去的四张照片都是视频截图，拍的是澳大利亚章鱼城邦中两只章鱼的打斗场面。

被打败的章鱼脱开纠缠，喷射逃走了。

正在喷射推进的章鱼，正从右边移动到左边。这是前几张照片中打赢的那只。

澳大利亚巨型乌贼（*Sepia apama*）。它就是第5章中的康定斯基。

这只巨型乌贼的脸上和腕上都出现了衰老的早期迹象。

这只巨型乌贼叫罗丹，它大部分时间都像图中这样举起几条腕保持静止姿态。

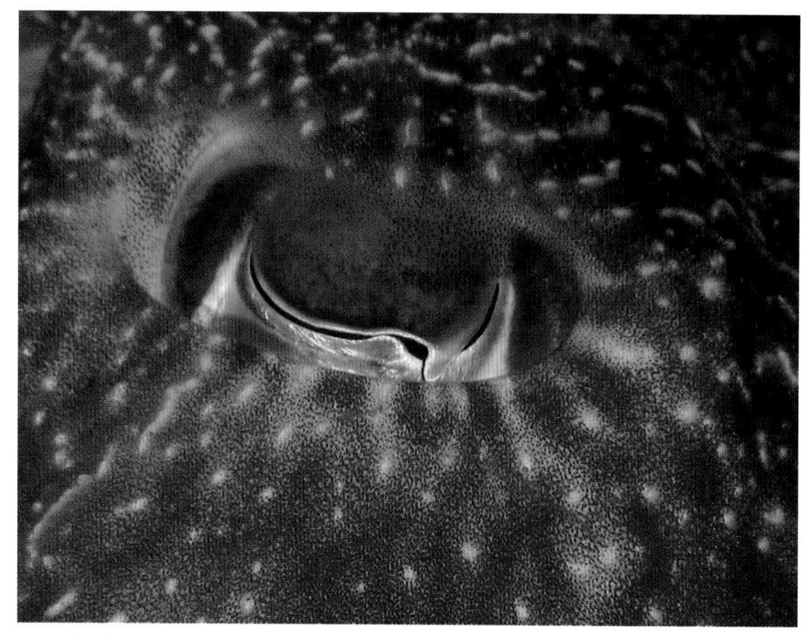

巨型乌贼的瞳孔像小写字母w。可以在它的眼睛周围看到由皮肤上的肌肉控制的色素体。（这是本书中唯一加了辅助光拍摄的照片。）

这两张照片的拍摄时间前后相差四秒，展示了从深黄色到红色的变色过程。

在南澳大利亚的怀阿拉，两只巨型乌贼正在交配的前戏中，左侧的是雄性。现在科学家们对图中这两只是不是同一种乌贼有一些探讨，我在悉尼拍的其他照片中都是同一种乌贼。截至目前，明确确定的只有一种：*Sepia apama*。

这张在怀阿拉拍摄的照片显示了巨型乌贼通过皮肤上的调色机制展现出的丰富颜色。

一只巨大且友善的巨型乌贼正在卡琳娜·霍尔身边游动。霍尔专门研究巨型乌贼，她教了我很多关于这些乌贼的知识。

这只巨型乌贼正在制造一系列复杂的颜色，红色、橙色，还有银白色的印记。这页上的两只乌贼都把眼睛上的皮肤凹出了临时的造型。

7
被压缩的经验感受

衰 退

我大概从 2008 年左右开始近距离观察头足纲动物，跟着他们在海洋中四处畅游：学会如何观察它们后（我身边一直围绕着很多头足纲动物），我最开始观察的是巨型乌贼，然后是章鱼。我也开始阅读关于头足纲动物的研究，最早学到的关于头足纲动物的一些事实就让我震惊不已。巨型乌贼这种体形巨大且复杂的动物，寿命非常短，只能活一两年时间。章鱼也一样，它们的寿命通常只有一两年。体形最大的太平洋巨型章鱼能在野外活 4 年左右。

我很难相信这些事实。我曾经假设那些和我互动的乌贼都年纪较大，以为它们经常遇到人类、摸清了我们的行为，还以为它们在那片海洋中经历了很长的岁月。我之所以会这样以为，部分是因为它们看上去年龄较大，而且都长得很世故。它们通常长达 60 到 90 厘米，体形大到很难让人觉得它们年纪不大。不过，有一年我在乌贼繁殖期的早期遇到了它们，当时就意识到了这个问题：我接触过的所有乌贼，没过多久就会死亡。

事情的经过是这样的。那时南半球的冬天快要结束，乌贼种群突然开始衰退。如果我能够一直跟随一只乌贼的话，就会在几个星期内，有时候甚至会在几天内就见证这种衰退。很多乌贼的身体同时开始散架。很快一些乌贼就失去了几条腕或者几块肉，它们也开始失去会变魔术的皮肤。起初我以为它们中的一些个体在制造白色斑点，作为展示的一部分；但是仔细一看就能发现，它们最外层的皮肤（即活跃的视频显示屏）在脱落，露出暗淡的白色肉体。它们的眼睛变得浑浊。这段衰退过程快要结束时，乌贼已经无法在水中控制自己所处的高度。它们一旦开始衰退，就会非常快速地变化，健康状况会出现断崖式下降。

我知道它们的衰退阶段即将来临时，和这些动物互动，尤其是和那些友好的乌贼互动就变得很心酸。它们的生命如此短暂。这一发现也使得关于它们庞大大脑的难题显得更加匪夷所思。如果只有一两年寿命，建造这么庞大的神经系统有什么意义呢？建造和运行智能机制非常耗能。大型大脑使得学习成为可能，然而学习的有效性取决于寿命的长短。如果没有时间利用所得的信息，耗费大量精力来了解这个世界又有什么意义呢？

头足纲动物是脊椎动物以外唯一演化出大型大脑的生物。大部分哺乳动物、鸟类和鱼的寿命都比头足纲动物长得多。更准确地说，如果哺乳动物和鸟类没有被吃掉或者遇到其他什么灾难的话，理论上能活得更久。狗和黑猩猩等体形更大的动物更是如此。不过，也有可以活到 15 年之久、大小和老鼠差不多的猴子，还有可以活 10 年以上的蜂鸟。相比于短暂的一生以及度过一生的方式，头足纲动物的身体似乎过于庞大，也过于聪明。如果章鱼从孵化到死亡只有不到两年的寿命，它们的脑力能派上什么用场呢？

有没有可能是海洋环境中的什么因素导致了它们的短命？我很快发现，事实并非如此。在我观察头足纲动物生活的同一片海域，那里的岩石下面生活着一种相貌奇怪的鱼，而它所属鱼群中的某些个体可以活到 200 岁。200 年啊！这看上去不公平极了。一条相貌平凡的鱼能活上几百年，光彩绚丽的乌贼和有着好奇心智的章鱼却活不过 2 年？[①]

导致头足纲动物寿命短暂的另一个原因可能是，软体动物的身体结构，或者说头足纲动物身体结构中的某种东西导致它们无法活得更久。我时常听到人们提出这种观点，但这不可能是答案。鹦鹉螺这种体态优雅但心智平庸的头足纲动物，可以在太平洋中驾着自己的外壳、像潜水艇一样畅游 20 年不止。能乏味地活上几十年的它们，被生物学家们毫不客气地称为“又嗅又摸的清道夫”。这些动物是章鱼和乌贼的亲戚，它们完全没有急匆匆地过完自己的一生。

所有这些都使我们对章鱼或者乌贼的生活有了其他认识：它们有着丰富的经验感受，但寿命短得令人难以置信。这也让大脑

---

① 头足纲动物的处境让人想到里德利·斯科特（Ridley Scott）的电影《银翼杀手》：一群人造“仿生人”被程序设置成“出生”后四年就会死亡。《银翼杀手》根据菲利普·K. 迪克（Philip K. Dick）的小说《仿生人会梦见电子羊吗？》（*Do Androids Dream of Electric Sheep?*）改编而成；在书中，仿生人的短命源于身体溃败。不过和头足纲动物不同的是，《银翼杀手》中的仿生人知道自己的命运。——原注

的演化问题变得更加棘手，毕竟大脑是能让动物形成经验感受的部位。

生与死

为什么头足纲动物不能活得更久？为什么所有的生命都不能活得更久呢？美国加州和内华达州山腰上的一些松树，从恺撒大帝还在征战罗马时就已存在，一直活到今天。为什么有些生物的寿命长达几十年、几百年甚至几千年，而其他生物在顺应自然、不遭遇意外的情况下也还是活不过一年？如果是因为意外或者传染病死亡，我们不难理解；令人困惑的是因为“年老”而死亡。为什么活了一段时间后我们就会散架呢？每次过生日我们总会想到这个问题，但是头足纲动物短暂的生命更加突出了这个问题。我们为什么会衰老？

我们从直觉上倾向于认为，衰老是身体损耗的结果。有人也许会这么说：我们身体各部位的机能最终一定会损耗殆尽，就像汽车一样。但是把人类比作汽车并不准确。汽车的原始零部件确实会损耗，但是一个成年人并不依靠原始部件存活。我们由细胞组成，不断摄入营养、进行细胞分裂，以新细胞替代旧细胞。就连活跃度很持久的细胞也会不断翻新自己的组成（或大部分组成）。如果不断更新汽车的零部件，这辆车就不太会报废。

下面是另一种看法。我们的身体是细胞的集合。这些细胞汇集在一起，互相协作，但它们毕竟只是细胞。大部分构成我们的细胞都在不断分裂，一分为二。假设出于某些原因，这些能够分裂的细胞注定会变“老”，即使它们才出现不久。我们也就可以假设，即使观察刚刚分裂出的细胞，我们也可以看出它们所在谱系的年龄，而这正和身体衰老相关。如果这是细胞的运作方式，那为什么自然界还有细菌和其他单细胞生物？现存的细菌是演化史上近期细胞分裂的产物，但它们的细胞谱系已经存在了数十亿年。

试想象你取出一批特定的细菌，比如我们熟知的大肠杆菌，把它们聚集在一起。那些细胞分裂后产生的后代细胞会留在同一个细胞群中。即使细胞个体分裂死亡，这个细胞群也能留存下去。如果环境有利，这个细胞群可以存在数百万年之久。它可以是某种意义上的“身体”，就是一大批集群的细胞。它不会仅仅因为年龄大就耗尽或者衰退。同样，现存的这些细胞年龄不大，都是全新的细胞。如果这个细胞群可以永生，不断地替换和补充，我们的身体——这个细胞群为什么就不能永生？

你现在也许会说：我们体内细胞的组合方式使我们有别于细菌。我们不仅仅是一堆细胞。即使不断分裂出细胞，细胞之间的组合方式还是会瓦解。为什么新细胞不能再次以正确的方式组合在一起？一个人从受精卵到出生、从婴儿生长发育到成人的过程中，细胞间可以形成正确的组合方式。为什么这种维持生命所需的组合方式不能不断地在新生细胞中重新形成？

从“零部件损耗”的角度不能解释这个问题。即使有更言之有理的说法，这个理论也不怎么能解释我们了解的很多动物的寿命状况。如果问题在“损耗”，新陈代谢速度更快的动物应该会衰老得更快，因为它们会消耗更多能量。一定程度上我们可以根据损耗来预测衰老，但还是无法解释很多物种的生存状况。袋鼠之类的有袋目哺乳动物的代谢率低于人类这样“有胎盘”的哺乳动物，但是前者衰老得更快。蝙蝠的新陈代谢很活跃，但它们衰老得很慢。

细胞确实可以无限更新。但是，人类细胞的组合方式使我们有了不同于其他生物的衰老方式和寿命。这种看待衰老问题的方式把我们带回到前几章对动物演化的讨论中。对动物来说，出生和死亡标志着一个个体的生命界限，即使细胞会不断出现和消失，即使细胞的谱系可以向前延伸到我们出生之前，也能往后延伸到我们死之后。所以，我们再次遇到了相同的问题。为什么蜂鸟能活到10岁？为什么岩鱼能活到200岁？为什么长寿松能活到几千岁？为什么章鱼只能活到2岁？

一群摩托车

这些难题中的大部分已经通过精彩的演化逻辑解决了。

如果我们用演化术语思考这个问题，就自然而然会怀疑衰老本身是否能带来一些隐藏的益处。这种怀疑很有吸引力，毕竟我们开始衰老的时候，一切都像是编排好的。也许年老的个体之所以会死亡，是因为这样就能把资源留给年轻气盛的个体，从而使整个物种受益？可是这种观点建立在预设结论为真的逻辑谬误之上：它从一开始就假设，年轻个体一定精力更充沛。到目前为止，我们还没有任何理由相信：年轻就一定更气盛。

另外，这种状况很难保持稳定。假设人群中的长者确实会在某个时间点慷慨地“交出接力棒”，但是其中出现了并不以这种方式牺牲自己的个体，他们就一直活着。这个人似乎有可能额外多一些后代。如果他拒绝牺牲的特性也继续随着繁殖传递，那么这种拒绝牺牲的行为就会蔓延开去，自我牺牲的传统会被削弱。所以，衰老即使确实能使整个种群获益，也不足以把整个种群维系下去。这个论证还没有彻底说完“隐藏的益处”这一观点，但是后来的学者采取了一种不同的思路来讨论衰老理论。

20 世纪 40 年代，英国免疫学家彼得·梅达沃（Peter Medawar）用简短的口头论证迈出了第一步。10 年后，美国演化生物学家乔治·威廉姆斯（George Williams）迈出了第二步。又过了 10 年，也就是到了 60 年代，也许是 20 世纪后期演化生物学界最具天赋的威廉姆·汉密尔顿（William Hamilton）通过严密的数学形式绘制出了一张全新的蓝图。尽管汉密尔顿是用数学把这个理论精确地表达出来，核心观点还是比较简单。

我们可以从一个虚构的例子开始。假设有一种动物，它们不会随着时间的推移而自然衰退。用生物学家偏好的词就是，它们身上不会出现任何“衰老”（senescence）的迹象。这种动物很早就开始繁殖，一直繁殖到它们因为外界因素而死亡，比如被吃掉、遇到饥荒或者被闪电击中。假设它们被外界因素致死的概率恒定，比如在任何一年，它们的死亡率都是 5%。在它们慢慢变老的过程中，这个概率也不会增加或减小；但是有些年间，某些意外或者其他的外界因素几乎一定致命。假如在这种状况下，新生儿只有 1% 的概率能活到 90 岁。但如果这个人确实设法活到了 90 岁，那么她也非常可能活到 91 岁。

接下来我们要讨论一下生物突变。突变是出现在基因结构中的意外变化，是生物演化的原材料。突变很少能提高生物的生存或繁殖能力；绝大多数突变都对生物有害，或者不会造成任何影响。对很多基因来说，演化促成了一种突变-选择平衡的状态。由于分子层面的意外，突变基因不断进入一个群体。携带这些突变的个体不太可能繁殖后代，所以不良突变最终会从群体中消失。但即使每个不良突变最终都会消失，这个过程也会持续很久，并且不断有新的突变进入这个群体。所以我们可以预测，一个群体中总会包含所有基因的一些有害突变形式。突变-选择平衡就意味着，一个基因不良突变的出现速度和淘汰速度一样快。

突变常常会影响生命中的某个特定阶段，有些早期发作，有些更晚才表现出来。假设在我们虚构出的这个群体中出现了一个不良突变，这种突变只会在他们的携带者活了很多年后才开始发作。携带这种突变的个体在很长一段时间内不会出现异样。他们继续繁殖，把这种突变传递给自己的后代。大部分携带这种突变的个体一直都不会受到影响，因为这些携带者在突变产生任何影响前就因为其他变故去世了。只有那些活得异常久的人才会经历这种突变带来的有害影响。

由于我们假设的是这些个体在他们漫长的一生中一直都可以繁殖，所以自然选择可以抗衡这些晚期发作的突变。在长寿的个体中，未携带突变的可能比携带者繁育出更多的后代。但是，几乎没有人能活到繁育出非常多的无突变后代，因而并不能带来什么实质改变。所以，“选择压力”对这种晚期发作的突变的抗衡非常微弱。

如果像上文描述的那样，分子层面的意外导致突变进入一个群体，自然选择对晚期突变的清除效率会远低于对早期发作突变的清除。

结果就是，这个群体的基因库中会慢慢积累下很多对长寿个体有害的突变。这些突变会变得更普遍，或者因为一些偶然的机会消失了，所以部分突变会变得比其他突变更普遍。每个人体内都携带着一些突变。如果一些幸运的个体能躲过捕食者或者自然界中的其他危险而活得非常久，它们最终会发现自己的身体开始出现异样，因为这些突变开始起作用了。这看上去像是“预先设定好的衰退”，因为潜伏着的突变会在特定的时间节点发作。这个群体也开始逐渐演化出衰老。

这个理论中的第二个核心元素，由美国生物学家乔治·威廉姆斯于 1957 年提出。这个观点不和第一个观点对立，两者相容。我可以通过一个关于为了退休而储蓄的问题来介绍威廉姆斯的主要观点。是否值得为了在 120 岁的时候过上奢侈的生活而一直存钱？如果你源源不断地有收入，那么答案也许是值得。也许你能活那么久。但是，如果没有源源不断的收入，那么为了退休而存钱的这一行为，会让你现在无法用这些钱做其他任何事情。鉴于你能活到 120 岁的可能性不大，所以与其把这些并不刚需的钱存起来，不如现在就花掉。

同样的原则也适用于突变。很多突变不止有一种影响，在一些情况下，一个突变能在生命早期产生一种影响，在生命晚期产生另一种影响。如果两种影响都是不良影响，那么我们很容易就能猜到会发生什么：这个突变很快会因为在生命早期造成的不良影响而被淘汰。如果两种影响都是良性，我们也很容易猜到结果。但如果早期发作的是良性影响，晚期的是不良影响呢？如果这个“晚期”太过遥远，你可能在此之前就因为其他日常风险而死了，这个不良影响就无关紧要。现在重要的就是良性影响。那些同时拥有早期发作的良性影响和晚期发作的不良影响的突变会慢慢累积，自然选择会偏好这些突变。一旦一个群体中出现很多这样的突变，几乎所有个体都携带这些突变，那么到了生命晚期，衰退会像预先设定好似的出现。衰退会像遵循时间表一样定时出现在每个个体身上，虽然每个个体衰退的方式不同。个体之所以会衰退，并不是因为衰退本身会为演化带来一些潜在的益处，而是因为个体在为早期的收益付出代价。

梅达沃影响和威廉姆斯影响共同运作。每个过程都启动后不仅会强化自身的影响，也会增强对方的影响。“正反馈”的存在会导致越来越多的个体经历衰老。种群中一旦固定下一批会让衰老与年龄挂钩的突变，这些突变就更不太可能让个体活过突变发作的年龄。这意味着，那些只有在很晚期才会产生不良影响的突变不太会被自然选择。这个轮子一旦开始转动，就只会越转越快。

我勾勒出的这个画面中充满了缩短生物寿命的压力。但加州的千岁松树又是如何活到这么久的呢？它们没有表现出任何衰退的迹象。不过从两方面看，树很特殊。首先，它们不符合我在上述论证开始阶段提出的一个假设。我在上文中提过，从演化角度看，个体在生命晚期的繁殖能力并不重要，因为几乎没有哪个个体能活那么久。如果那些能在年老时成功繁殖的少数个体确实能繁殖出大量后代的话，局面就会非常不同。对我们人类来说这是不可能的，但是树就可以。每根树枝都可以繁殖，所以一棵长着很多树枝的老树，繁殖能力可以超过一棵年轻的树。这就让树避开了梅达沃和威廉姆斯论点中提到的一些后果。

其次，植物和动物不同，某种程度上，梅达沃-威廉姆斯的论点甚至不适用于树。理解这一点的最佳方法，是把那些肉眼可见的“生物”（organisms）当成群体（colonies）。例如，有些海葵单体会聚成密集的群体，单体之间相互独立，尤其是在繁殖方面。一个海葵能在基盘上芽生出新的海葵，每个海葵都能制造出自己的生殖细胞。这些生物群原则上可以无限生存下去，就像人类社会，个体生生死死，社会一直长存。

梅达沃和威廉姆斯的论证在讨论生物群体和社会时都不适用，因为它们的繁殖方式和上文预估的不一样。生物群体或者社会中的成员（比如人类）会出现衰老的迹象。松树或橡树等普通树木虽然不是一个群体，但也不是一个人那样的单一生物。在某种方面，这些普通树木的情况介于以上两者之间。树的成长依赖小单位的倍增，比如树枝分叉，这些树枝能够依靠自身繁殖；这些树枝如果被切下扦插到别处，都可以自行长成另一棵树。任何依靠自身有繁殖能力的一小部分来成长和繁殖的生物，都不在梅达沃和威廉姆斯论点讨论的范围内。

我已经介绍了两种衰老演化理论背后的主要观点。才智非凡的英国演化理论家威廉姆斯·汉密尔顿在20世纪60年代开始研究衰老问题，他把这个理论改进得严谨且精确。汉密尔顿用数学语言重写了其中的主要观点。尽管他的研究让我们了解到人类生命为什么会这样发展，但实际上他最热爱的是昆虫，还有和昆虫有亲缘关系的生物，尤其是那些让我们和章鱼的生活相较之下都看起来相当乏味的昆虫。汉密尔顿发现过一种螨虫，雌性个体会悬挂在半空中，肿胀的体内充满了刚刚孵化的小虫；雄性个体会在虫堆中搜寻一通，和那些还在它们母亲体内的姐妹们交配。汉密尔顿还发现过一种小甲壳虫，它们的雄性个体会制造出并且粗暴地对待那些比自己整个身体还要长的精细胞。

汉密尔顿于2000年去世，他在去非洲研究艾滋病病毒起源的路上感染了疟疾。大概在他去世的10年前，他写下了理想中的葬礼：希望有人把自己的身体带到巴西的森林中，让一种巨型的带翅蜣螂从他的身体内部把自己慢慢吃掉。这种虫子会把他的身体作为养分供给幼虫，幼虫最终会冲出他的身体，飞启新的生命。

> 我不要蠕虫，也不要肮脏的苍蝇，我会像一只巨大的黄蜂，在黄昏中嗡嗡飞行。我会成为很多虫，像一队摩托车驶过，满载飞虫，飞进星空下的那片巴西荒野，扇动背上那美丽又紧闭的翅鞘，腾入空中。最终，我也会像石头下的紫色步甲一样，闪闪发光。

长命与短命

针对随着年龄增长而衰老的现象，以上提到的衰老演化理论为我们提供了一种解释。这个理论解释了为什么衰退会像固定好的时间表似的逐渐出现在年老个体身上。我们可以在这个框架下加入更多细节来描述特定的例子。在上文提到的思想实验中，我假设一个生物可以在一生中的不同时间段繁殖。在包括头足纲动物在内的很多动物身上，实际状况都完全不同于这个假设。

生物学家区分了一次生殖生物和多次生殖生物。一次生殖生物顾名思义一生只繁殖一次，或者仅仅在一个短暂的繁殖季内繁殖。这种繁殖方式也被称为“大爆炸”繁殖。多次生殖生物就和人类一样，会在一段更长的生命周期内多次繁殖。总体说来，雌性章鱼是一次繁殖中的极端例子，它们受孕一次后就会死亡。一只雌性章鱼也许会和很多只雄性章鱼交配，但到了排卵期，它会一直住在一个洞穴中。雌性章鱼会在洞中产卵，在孵卵期间向卵泼水、照顾它们。一簇卵中可以有上千个卵。孵卵过程也许会持续一个月甚至几个月之久，具体长短取决于章鱼物种和周围的环境（在冷水中孵卵更慢）。卵孵化后，章鱼幼体会慢慢漂入水中。不久之后，雌性章鱼就会死亡。

这里我只是笼统地描述了章鱼的孵卵过程。其中至少有一个例外，那就是在巴拿马发现的一种稀有章鱼。发现这个物种的团队正是我在第 5 章中讨论过的、发现了枪乌贼信号的马丁 · 莫伊尼汉和阿尔卡迪奥 · 罗丹尼奇。这种章鱼雌性个体的繁殖期要长于其他章鱼，但没有人知道为什么它们会出现这样的例外。

乌贼略不同于章鱼，不过它们的生殖方式仍然属于“大爆炸”范畴。它们只会经历一次繁殖季，但是雌雄个体都能参与多次交配，而且雌性乌贼能在这次繁殖季中产下很多批卵。雌性乌贼不会像章鱼一样照顾和保护自己的卵，它们会寻找一些合适的石头，把卵固定在上面再离开，继续去参与下一波交配并再次产卵。接着，这些乌贼就会像我在本章开头描述的那样，快速散架。

为什么一种生物该把所有的资源都用在一次孵卵或者一个繁殖季上呢？这其中大部分都取决于捕食和其他外界因素带来的死亡风险，尤其是因为这些风险在动物一生不同时间段内的变化。假设一些动物的幼年期充满风险，但成年之后可以很长一段时间不被捕食。那么在这种情况下，成体进行多次繁殖是合理的。鱼和很多哺乳动物就是这样。从另一方面来说，如果这个动物的成年期就要不断应对各种风险，那么一进入有繁殖能力的生理阶段就立刻“全力以赴”，这样可能更合理。

季节也在动物的繁殖过程中扮演了一个角色。也许会有一个季节特别适合产卵或孵卵。这将为这些动物确定下每年的生殖时间表；也许在春季交配最合理，也许在冬季交配才最好。那么动物现在要面对的问题就成了“繁殖期的跨度应该有多长”。猛一想，也许有一个很明显的答案：不固定繁殖期的长度没什么害处，你至少还能继续存活好些年。你也许能继续撑下去。为什么繁殖过后身体就要立刻衰败呢？这里就又回到威廉姆斯的观点了，同时还需要把大量个体和很多世代纳入考虑。从理论上说，至少从演化角度分析，你希望能永远生存下去，永远交配。不过，把所有资源用于一次繁殖季的动物，和为了日后能再次繁殖而在当下繁殖得不多的动物相比，哪种动物能繁殖出更多的后代呢？如果你所属的物种撑到下一个繁殖季的概率非常低，那么在当下繁殖得不多就完全不利于日后的繁殖。在这种情况下，你最好把所有的资源都倾注在一个繁殖季内，抓住当下一切能给你带来有利机会的选择，即使要付出繁殖季一结束就死亡的代价。

演化能够赋予一个种群或漫长或短暂的寿命。动物中能活到200岁的岩鱼和寿命短暂的乌贼都是极端情况，人类属于中间情况。我们和岩鱼都成熟得很慢，繁殖期的跨度都很长，但是岩鱼的寿命更长。岩鱼是一种很少有人会食用的多刺有毒生物。相反，乌贼急匆匆地长到性成熟，只在一个繁殖季交配，然后全身散架。

不同动物的寿命取决于外界因素带来的死亡风险、性成熟速度，也取决于它们的生活方式和所处环境的其他特征。这就是为什么我们能活到大概100岁，一条不起眼的鱼能活到我们的两倍之久，一棵松树能从施洗约翰的年代一直活到现在，而一只颜色鲜艳、好奇友善的巨型乌贼只能活没几年。

有了所有这些解释，我们就更加清楚头足纲动物为什么会拥有这样独有的特征组合了。早期的头足纲动物有保护性的外壳，它们在海水中潜行时会拖着这种外壳。后来外壳被淘汰了，导致了一系列连锁效应。首先，这种变化让头足纲动物的身体有了古怪和不受限制的可能。最极端的例子就是全身几乎没有任何硬质部位的章鱼，遍布它们全身的是神经元，而不是骨骼。我在第3章中推测，这种可以施展出无限动作的身体，对章鱼复杂神经系统的演化至关重要。使章鱼演化出神经系统的选择压力，并不是源于外壳被淘汰，而在于建立起一套反馈系统。章鱼体内与生俱来的可能性，让它们可能更精密地控制行为。一旦你有了一个庞大的神经系统，那就值得进一步拓展身体的可能，比如汇集所有腕上的感应器，制造出变色机制和一套能变换视觉效果的皮肤。

淘汰外壳后还产生了另一种影响：章鱼更容易受到捕食者的攻击，尤其是那些移动迅速、长着骨骼和牙齿、视力极佳的捕食者。这一切都迫切要求动物演化出应对威胁的诡计与伪装。

但是，能耍的诡计只有这些，章鱼依靠这些手段自救的次数有限。它们活不了太久，尤其因为它们自己作为捕食者也必须保持活跃。它们不能仅仅躲在一个洞中守株待兔，而是要离开自己的洞穴，到处游动；一旦进入开放水域，它们就容易受到攻击。这种脆弱性让它们成为梅达沃和威廉姆斯理论的理想候选对象，就是那个论证为什么需要缩短自己寿命的理论。头足纲动物的寿命不断受到这种无法活到第二天的风险的影响。最终，它们演化出了一种不同寻常的组合：庞大的神经系统和非常短暂的生命。它们之所以有庞大的神经系统，是因为自己没有固定形状的身体创造出了无限可能；也因为在面对被捕食压力的同时，它们自己也需要捕食。它们的生命之所以短暂，是因为自身的脆弱改变了寿命。这种乍看之下自相矛盾的组合，就变得合理了。

最近对头足纲动物行为模式中一种例外状况的研究，可以为这个理论提供证明。这个例外能说明这套演化规律。我在上文中阐述的关于章鱼的大部分猜想和事实，都以生活在浅海、礁石和海岸线的章鱼为基础。我们对生活在深海的章鱼所知甚少。加州蒙特雷海湾的海洋科研团队（简称 MBARI）通过装有摄像机的远程遥控潜艇探索了深海海域环境。2007 年，他们在加州中部沿海勘测位于水下 1.6 千米的裸露岩层时，发现了一只四处游动的深海章鱼（即北太平洋谷蛸，*Graneledone boreopacifica*）。大约一个月后，他们再次把水下装置探到原处，发现那只章鱼正守着一批卵。后来他们不断回去观察这批卵的孵化过程，每次都能在那儿看见这只章鱼。最终，他们观察这只章鱼的时长前后加起来有四年半之久。

这只章鱼孵卵用的时间比任何已知章鱼的寿命都长，和已知任何动物的孵卵记录相比，它用的 53 个月无疑是最长的。（在已知的鱼类中，没有任何一种鱼会守着自己的卵超过 4 或 5 个月。）这种章鱼的寿命到底有多长目前还未知，但正如布鲁斯·罗宾森（Bruce Robison）和他的同事在报告中推测的，如果它孵卵的时长在完整寿命中所占的比例和其他章鱼一样，那么这种章鱼也许可以活到 16 年之久。

这个发现有力地反驳了认为章鱼从生理层面缩短了寿命的观点。但为什么这种章鱼能活这么久，其他章鱼却不行？罗宾森在和同事合著的论文中讨论了水温如何使生物的生命过程变得更加缓慢。深海的海水通常非常冰冷（我忍不住想到有一次在蒙特雷周边水肺潜水，当时真觉得经历了人生中最冷的一小段时间），冷水中的大部分生命过程都像慢动作。罗宾森和他的合作者认为，这就是那只雌性章鱼能活这么久而且没有进食的原因。他们还在论文中指出，漫长的孵化过程使章鱼的后代一经孵化就体形较大，生理上更成熟。罗宾森认为，在这种环境下，章鱼卵漫长的成长过程赋予了它们很有竞争力的优势。不过，我认为梅达沃-威廉姆斯理论也适用于解释这一现象。根据他们的理论，如果被捕食的风险会影响动物的“自然”寿命，那么我们可以推测，相比于生活在更浅海域的其他章鱼，这种深海章鱼面临的被捕食风险小得多。有一条有力的线索。MBARI获得的图像显示，一只章鱼和它的卵一连好几年都待在开放海域，它没有为自己找一个洞穴。就我目前所知，浅海的章鱼从来不会在这么开放的海域中孵卵，因为这样它们就会成为任何来到这里的捕食者的盘中餐。不过，深海鱼的数量远比它们浅海中的同伴少。蒙特雷湾的章鱼成功地在开放海域中孵卵的事实说明，相比于其他章鱼，这种章鱼需要担心的威胁少得多。最终，演化以不同的方式调整了这种章鱼的寿命。

把这些线索汇集在一起，我们就可以看到头足纲动物有多少特征，尤其是那些在章鱼身上表现得尤其显著的特征，都源于几亿年前对外壳的淘汰。这次淘汰把它们放上了一条能自主移动、行动敏捷且神经系统有一定复杂度的演化道路上，也促成了一种生长快速、生命短暂的生活方式，一种总是要面对四周尖牙利齿捕食者的存在方式。

鬼　魂

有一天我正在悉尼潜水，那儿距离我通常潜水的海域有点远。突然周围的一切都变暗了，我很快意识到自己游进了一团巨大的墨汁。这片海域中散布着巨石，巨石间分布着深深的裂缝。这片被墨汁染黑的区域大概有一个大房间那么大。周围都变成了火药般的灰色，其中还悬浮着黑色粗线条状的色块。墨汁太多了，我根本看不清发生了什么，尤其看不清巨石裂缝间的状况。墨汁久久没有散去。

第二天我再次前往同一片海域观察。墨汁已经散去，但我注意到几十个乌贼卵散布在一些裂缝底部的沙滩上。附近还有一只巨型乌贼，它的身体状况很糟糕，几乎通体呈白色，腕伤得很严重。它悬浮在水中，看着我。我靠近一看，又发现了三只乌贼。它们的体形都非常大，聚集在一个距离海底几米高、带着天然岩石屋顶的巨石阵状结构下。其中一只乌贼很明显是雄性，其他的似乎是雌性。想要辨别它们的性别并不容易，因为它们都处在不同的衰退阶段。身体状况更糟糕的那几只乌贼失去了大部分皮肤，暴露出皮肤下珍珠般的白色身体，还没有脱落的皮肤上布满了碎玻璃似的扇形和十字形裂痕。皮肤脱落较少的那几只乌贼呈现出暗淡的灰色。它们中有几只的眼睛已经不成形了。这时游来了第五只乌贼。这只雌性乌贼身上还残留着一些耀眼的黄色，它的五条腕已经所剩无几，身上还残留着深色的伤痕。它又游走了。

剩下的四只乌贼紧挨着彼此，随着巨石间微弱的波浪缓缓漂浮。那些散布在海底的乌贼卵令我困惑。巨型乌贼通常会把自己的卵黏在礁石顶部，这些卵会像郁金香的花一样垂下来。我无法判断这些卵是从它们本该待的地方随波漂到了海底，还是本来就产在海底。我前一天看到的墨汁暗示了当时也许出了什么事，但我并不知道到底哪里出了问题。这些乌贼的注意力一直不在卵上，它们似乎只是在等待。它们看上去也像在观察我，但是并没有展示出太多图案和姿势，我甚至不确定它们中还有几只能看见我。这些乌贼苍白无声，看上去就像一群头足纲鬼魂。

那片海域有好几天都一直有乌贼来来往往。那些卵依然留在某条裂缝的底部，躺在昏暗光线下的泥沙中。最终，我在那里目睹了一只步入生命末期的雌性乌贼的死亡过程。当我到达时，它正浮在一条裂缝外。它的很多皮肤已经脱落，身上还残留着一些橙-棕色色块；有两条腕已经完全脱落，其中一条喂食触腕也一动不动地悬浮着。

它还是靠动作缓慢的鳍游动着。当我正在观察它时，我意识到我们俩都稍微向上游了些，远离了岩石裂缝。很快，有两条鱼对它产生了兴趣。一条粉色的鱼开始绕着它游，但是没有发起攻击。一条体形较大的绿鳍马面鲀能构成更大的威胁。它靠近雌性乌贼，一边观察它，一边绕着它游，随后开始发起一连串攻击；即使乌贼的体形是马面鲀的好几倍，马面鲀还是试着从乌贼的正面撕咬下碎块。我试图赶走马面鲀，但它没有撤退很远，等时机成熟会再次发动攻击。

面对马面鲀的第一次攻击，乌贼只是向后退缩，挥舞了一下腕，一点威慑力都没有。马面鲀不停游到乌贼周围。我意识到我试图保护乌贼而给它制造的恐慌，似乎甚于鱼的攻击。我的体积太大，距离它那么远就已经吓到它了。

马面鲀又回到乌贼身边，开始更猛烈地撕咬乌贼。这一次，乌贼对着它喷了墨汁。马面鲀没有被墨汁震慑到，而是再次靠近乌贼。乌贼继续喷射出了更多墨汁，并且开始缓慢盘旋。水流把我们往上带。这只乌贼缓慢地盘旋，从漏斗中喷出大量的灰黑色墨汁，看上去像一架着了火的移动迟缓的飞机，只不过这架飞机是在上升，而不是在往地面落。也许是因为墨汁，也许是因为我们在水中上升到的高度，马面鲀停止了攻击。然而，这是这只乌贼能做的一切了。随着继续上升，它停止了盘旋。穿过距离水面最后一米的海水时，它突然停浮在海面，完全静止。水面的微波前前后后地晃动着这只乌贼。我把它留在了那里。

这只乌贼的死亡历经了在寂静深海中游动，再到缓慢地盘旋上升，最终漂浮在嘈杂的海面。

8
章鱼城邦

一堆章鱼

这些天来，我主要在我称为“章鱼城邦”的地方观察章鱼。这里距离海面大约 15 米，位于澳大利亚东海岸。如果天气晴朗，你下潜时会看到这片海域呈现出奥兹国[1]般的翡翠绿色。其他时候，这里看起来更像是一锅灰色的汤汁。2009 年马修·劳伦斯发现这个地方后没多久，我就开始频繁寻访此处。这里的章鱼数量时少时多，但一直都能看到它们的身影。最多的时候能数出十几只，所有章鱼都在一个长宽几米的区域内或周边活动，有的在漫游，有的在打斗，有的只是待在那里。

以前时不时地出现过关于章鱼聚集在一起的报告，但是对我们来说，章鱼城邦是第一个可以年复一年去探访的章鱼聚集地。这里总有几只章鱼在场，而且它们之间经常互动。有时候，整个章鱼城邦似乎会有一只掌控大局的章鱼，但是它每次通常只能掌控局部，

---

① 即《绿野仙踪》中的奥兹国。——译者注

毕竟章鱼数量太多，一只章鱼无法同时应对所有状况。起初我们以为这也许类似于后宫，会有一只雄性章鱼和很多雌性章鱼生活在一起，但很快我们就发现：事实并非如此。那里通常会有好几只雄性章鱼，尽管彼此离得不是很近。不介入章鱼的日常活动就很难辨别它们的性别。很多章鱼两性之间的主要差异是雄性章鱼右侧第三条腕下方的精液沟，这条腕又被称为交接腕。交配时，雄性章鱼有时候会从距离雌性章鱼很近的地方伸出这条腕，有时候会小心翼翼地从远处伸出。如果雌性章鱼接受了雄性的交配请求，那么雄性章鱼就会从这条腕下方的精液沟中把一个精荚递到雌性体内。雌性经常会储存这些精子一段时间，再使卵受精。

我们从一开始就已经决定，要尽可能少地介入章鱼的活动。我们的确会和它们互动，但仅仅在它们想要和我们互动时才这么做。我们从来不会把章鱼拽出它们的洞穴，更别说把它们翻过来检查底部了。因此，辨别雌雄唯一可靠的方法，就是观察它们的行为：看哪一只会以雄性特有的方式伸直自己的腕来暴露自己的性别。通过这种方法，我们经常能搞清楚这个地方章鱼的性别，虽然也有一些我们无法确定的情况。现有的判断足以让我们确信，这里通常有多只雌雄章鱼同时在场。

起初，马修·劳伦斯和我仅仅潜入海底观察它们。每次回到海面后，我们都想知道等我们离开后这些章鱼会做什么。很长一段时间内我们只能凭空猜想，但很快，一种可以在水下作业的小巧的 GoPro 摄像机面世了。我们买了几台，架设在三脚架上，留在海底，放在章鱼身边。

我们第一次回收这些相机观看获取到的素材时，对将要看到的画面毫无概念。过去有关章鱼行为的影像资料很少是在周围没有潜水者也没有潜水艇的条件下拍摄的。当身边只有一台小小的摄像机在观察它们时，章鱼是否会表现出截然不同的行为，是否会做出一些我们从未见过的事情？就我们目前看到的影像来说，不论我们是否在它们周围，它们的行为都差不多，只是我们不在的时候，它们游动和互动得更频繁而已。这个观察结果一方面令人失望，因为这表明它们并没有什么秘密把戏；但另一方面又令人安心，因为这说明我们的在场并没有太打扰到它们。

下图是在我们获得的影像中常见的画面：三只章鱼在贝壳滩上四处移动。位于图中部距离我们最远的这只章鱼，正准备喷射水流向某处游去，图右的这只也在靠喷射移动。

在我们开始这项研究后不久，在阿拉斯加工作的生物学家戴维·谢尔就联系到我。戴维在非洲接受过研究狮子的训练。他曾经花几周时间开着一辆路虎越野车，日日夜夜慢慢跟随一个不大的狮群，记录下它们四处闲逛和捕食的过程。后来他换了研究对象，现在开始研究太平洋巨型章鱼，成了这种体形最大的章鱼的专家。这些章鱼可以重达 45 千克以上。有时候，戴维为了能在实验室里研究这种章鱼，要先在阿拉斯加刺骨的海水中和一只太平洋巨型章鱼较劲，把它带到海面，装到船上。他的实验室不是通过肢解动物来开展研究的，而是把小型的信号传送器固定在章鱼身上，再放走，然后追踪它们的去向。戴维热衷于做一些关于其他种类章鱼的研究（比如生活在温暖海域的章鱼）。他很快来到澳大利亚，我们突突地驶向章鱼城邦的时候，马修的船上又硬挤入了一个人。

在戴维的帮助下，我们开始更加系统地观察和思考这个章鱼聚集地，我们开始花更多时间测量和计算。戴维比我更擅长整理大量的影像数据。戴维还能娴熟地在多条腕参与的混乱场面中找出行为模式，也擅长提出一些能实际解决的问题。2015 年南半球的夏天，斯蒂芬·林奎斯特也加入了我们的队伍。我们换了艘更大的船，就停在章鱼城邦附近，有好几天都试图通过远程操控的摄像机来记录章鱼白天每一刻的活动。然而，这个任务几乎从来都不太可能完成。相机的敌人之一就是章鱼自身。那些架在微型三脚架上、形似苍白脑袋的相机看上去也许有一点像某种入侵者，像身体静止、直立着三条腕的头足纲动物。相机拍摄时，章鱼有时候会仔细地检查它，偶尔还会发动进攻。所以我们最终收集到的影像资料，捕捉到了大量包含很多触腕和撕咬的特写。其他时候，巨大的赤魟会扫过这片贝壳滩，沿路打翻所有东西。

2015 年 1 月，我们受到运气之神的眷顾：终于能拍摄到大量视频，而且拍摄时机绝佳。我们在章鱼身上看到了前所未有的活跃度，一些之前偶尔见到的行为终于可以归进某种行为模式了。一只体形庞大的雄性章鱼似乎坚定地要掌控这片区域的入口，白天它一直在守卫这片区域。它驱逐了其他一些章鱼，如果外来者不撤退，它就会和它们激烈打斗（书中的多幅彩色插图展示了这样的场景）。但它也会容忍其他一些章鱼（我们猜都是雌性章鱼），有时候当这些章鱼试图游出这片区域时，雄性章鱼会把它们圈到洞中。

一只章鱼在贝壳滩上漫步时，它和洞中的章鱼都会用各自的腕探索，有时甚至会抽打对方。考察这片区域这么多年来，我们已经见到很多用腕探索的例子，但我总是会用拳击术语来描述和理解这些行为，比如我在第一章中描述过："拳击"是一种常见行为。但是斯蒂芬·林奎斯特（他是个友善的人）认为，很多这样的互动是"击掌"行为，他认为章鱼腕之间的拍打似乎有助于它们相互识别，或者至少是在记录这片区域中不同章鱼的角色。有时候两只章鱼会互相打探或者抽打对方的腕，然后放松地回到原位。其他时候，不同章鱼腕之间的互相触碰会引发一场打斗。下图就展示了一只从图中右侧靠近的章鱼：当它靠近时，另两只章鱼正伸直它们的腕来打探，或者说和新来的"击掌"。

所有这些行为都伴随着持续不断的颜色变化。这片区域中一些章鱼的颜色变化似乎没什么条理，比较符合我在第5章中提炼的“喋喋不休”假说。我们远程操控的摄像机有时候会记录下在我看来孤零零地静坐着的章鱼，它没有和其他任何章鱼或物体互动，但它还是会没有任何缘由地展示出一系列颜色和图案。不过，也有其他一些对章鱼更有意义的颜色和图案。一只有攻击性的雄性章鱼正准备攻击另一只章鱼时，通常会变成深色，从海底矗立起来，用一种使它看起来更大的方式抻直自己的腕。有时候它会把自己的外套膜，也就是整个身体的后半部分，如下图所示地举过自己的头顶：

我们把这种伴随着深色外套和威胁外表的姿势称为“诺斯费拉图”姿势，取自同名无声电影《诺斯费拉图》（*Nosferatu*）中吸血鬼的名字。我们之前看过这种姿势，但是2015年我们观察到的这只试图掌控整片区域的雄性章鱼，更频繁地使用了这种姿势。它会冲向另一只动物，迫使那只动物采取行动。有时候那只动物会逃走，有时候会守在原地，一场打斗旋即发生。保持诺斯费拉图姿势的雄性章鱼，并不总比另一只章鱼大，但它在打斗中很少会输（事实上，我们拍摄到的影像只记录到它输过一次）。

戴维·谢尔对章鱼在这些互动过程中呈现出的颜色很感兴趣，他回放我们拍摄到的影像资料，记录下几百次攻击者和被攻击者的相遇。他注意到，可以根据皮肤颜色的深浅程度可靠地预测出章鱼的攻击强度，比如它是否会进攻，当另一只章鱼靠近时它是否会守在原地。相比之下，如果一只章鱼不愿意参与打斗，那么它会制造出几种暗淡的展示。其中就有一种毫无生气的浅灰色，还有一种是简陋的斑点图案。好几种头足纲动物受到捕食者恐吓时，身上也会出现这种斑点图案。这种图案属于一种警示，研究人员一般认为这是它们恐吓或者迷惑对手的最后手段。警示展示可能是章鱼受到威胁时不自觉制造出的图案，而不是我们在章鱼城邦看到的发送给其他章鱼的信号。然而，在章鱼城邦中，当一只章鱼在另一只更有攻击性的章鱼充满警惕的眼神注视下设法回到洞中时，有时候也会制造出这种警示展示。那么在这种情况下，该图案的出现就和打斗或者恐吓无关了。所以我们认为，在章鱼城邦中，这种展示也许表达了投降、无意攻击之类的意思。而另一面，深色和诺斯费拉图姿势似乎在表达入侵的实际意愿。

我委托一位艺术家画了一幅画，希望能更清晰地展示这些图案的区别。这张图是根据一帧视频画面画的：左侧的章鱼正在袭击右侧的章鱼。右侧的章鱼正准备逃跑，它的颜色更浅，而且只有一半身体有警示展示。

章鱼城邦的起源

虽然马修发现这片区域时就已经猜到自己发现了一个不同寻常的地方，但他没有意识到有多不寻常。与这片区域最相似的另一个地方位于巴拿马热带海域，大约 30 年前曾有一篇报道描述过这片有争议的区域。

1982 年，马丁·莫伊尼汉和阿尔卡迪奥·罗丹尼奇报告说，他们发现了一只外貌不同寻常、还没有被描述过的章鱼。它身上有亮色条纹，生活在一个有几十只动物的群体中，有时候会和其他动物共用一个洞穴。这一描述选自我在第 5 章中引述过的那份礁石枪乌贼研究报告。这个研究表示，枪乌贼的皮肤上有一种通过颜色和图案表达的“语言”。莫伊尼汉和罗丹尼奇没有拍摄下任何这种野生动物的照片或影像（1982 年的水下摄影和现在的完全不是一回事），也没有很多能真正说服生物学家的数据。莫伊尼汉和罗丹尼奇为了发表论文而更详细地描述了这种章鱼，但是这篇论文被拒稿了。多年来，关于巴拿马群居的带条纹章鱼的话题一直被生物学家质疑，这让莫伊尼汉和罗丹尼奇很受挫。

2012 年，这种动物在商业水族馆交易中重新现身，在此之前，萦绕在这种章鱼周围的只有迷人的逸事。一些活体标本被送到加州，由斯坦哈特水族馆的理查德·罗斯（Richard Ross）和罗伊·考德威尔（Roy Caldwell）照顾。在圈养环境下，他们证实了莫伊尼汉和罗丹尼奇在这些章鱼身上发现过的不同寻常的行为，另外还发现了更多不同寻常的行为。在实验室中，这些章鱼能够容忍彼此，共用洞穴。雌性章鱼交配和产卵的时间跨度很长；正如第7章中讨论过的，通常雌性章鱼产下一批卵后就会死亡。考德威尔、罗斯和他们同事合著的论文中没有涉足任何野外观测，但是他们提到，尼加拉瓜一家收集海洋生物的公司知道一处章鱼聚集地。当时他们正准备前往那里进行野外调查。

与此同时，我们发现了章鱼城邦这片极不寻常的区域。章鱼更常见的行为模式是这样的：一只章鱼建造一个洞穴，在洞穴中生活很短一段时间——也许几周，然后它会离开这个洞穴去建造另一个洞穴。雄性章鱼和雌性章鱼会面并交配，雄性经常会从远处伸出伸直的腕来交配，但是雌性孵卵时，雄性不会在旁边帮忙。通常认为成年章鱼之间不会有太多互动。即使是我们在这片区域中观察到的活跃的郁蛸，在其他地方观察到时也少了很多互动。

所以章鱼城邦中发生了什么？接下来就是我们拼凑的一个故事，其中一部分完全是我们的推测。很久以前，一个物体落到了多沙的海底。这个物体也许来自一艘船，是金属制品，现在上面完全长满了海洋生物。这个物体长宽只有大约30厘米，静置在海底后就成了一片珍贵的栖息地。城邦中体形最大的章鱼会选择生活在这块金属物之下，有时候一些鱼类也会坚持生活在这块物体下，团缩在一只假装没注意到它们的章鱼身旁。我们认为，这个物体可以算是整片区域的种子，就像一个晶核。

我们认为，第一只或者最初来到这里的几只章鱼，在这个金属物上建造了一个洞穴，开始往回带扇贝给自己食用。被丢弃的贝壳开始累积，很快改变了这片区域的物理属性。这些贝壳是直径长达几厘米的圆盘。和细沙相比，这些贝壳更适合用来建造洞穴。所以章鱼们很快在第一个洞穴四周又建起了好几个洞穴。那些章鱼还是会带回更多扇贝食用，也就会丢弃更多贝壳。一个正反馈过程正在形成：一旦有更多章鱼去那里生活，它们就会给这片区域带去更多扇贝，也就会建造起更多洞穴。而这一切会吸引更多章鱼带来更多扇贝，以此累加。

另一个可能是，当那块金属物体落到海底时，后来最开始用来建造洞穴的一批贝壳也正好被丢弃在那里。这也许发生在1984年以前，也就是海湾地区禁止扇贝疏浚业之前；又或许发生在1990年左右，在禁止潜水员采集扇贝之后。这批贝壳的存在为这片区域日后的发展奠定了良好的基础。不过，从那以后，这里的大部分贝壳似乎都是章鱼们在之后几年间陆续带来的。通过捕食和把食物带回家，它们把这片区域变成了自己的生活场所。

为什么贝壳的“播种行为”能在这片特定区域发挥这么大的影响力？金属物体掉落的大概区域为章鱼提供了无限食物，因为这里是一片扇贝滩。扇贝独自生活，或者集成一小群一小群。对章鱼来说，它们是很好的食物。尽管这片区域有无限的食物，但只有极个别适合建造洞穴的地方。海底的沙质很细，很难挖出一个结构稳定的洞穴；这片区域的捕食者数量众多，都能带来很大的威胁。我们见过海豚和海豹冲进这里，大肆探索章鱼洞。须鲨是一种体形较阔的底栖动物，看起来像一架老式轰炸机。有时候，它们会在章鱼团缩在洞中时来到这片区域，停留很长时间。几年前，马修在距离这片区域稍远的地方拍摄到了一段令人不安的影像：一只章鱼在一片开放水域被一群马面鲀攻击。这些鱼看起来像食人鲳，有几百条。我也被这些鱼咬过几次。我们不知道它们为什么会认准这一只章鱼，但在几次谨慎的佯攻后，这些小鱼就集群攻击章鱼，把它撕成了碎片。这只章鱼刚开始还试图防御，后来拼命逃跑，快速游向海面，但没过几分钟就死了。自此之后，我开始怀疑章鱼怎么能在这片海域存活。这些小鱼大部分时间都在周围游动，在此期间章鱼频繁地离开洞穴出去觅食。我的最佳猜测是，即使在鱼类的注视下，章鱼也能安全地游出洞一段距离，因为即使鱼类发起攻击，章鱼也可以在被围攻前回到洞中。如果章鱼游出了这段安全距离，那就世事难料了。体形更小的章鱼很可能比体形更大的章鱼更害怕这些小鱼，但是面对一百条突然猛冲过来的食人鲳，单一只章鱼并没有太多还击之力。

马面鲀在这附近潜行，海豹不时冲进来，鲨鱼也会在附近巡航并停留在这片区域。最具戏剧性的入侵也许不会对章鱼构成直接威胁：例如这里的光线偶尔会突然变暗，一只巨大的黑色赤魟会扫过这片区域。这种动物大概有一辆小汽车宽。它们缓慢地摆动着鳍，巡游经过这片区域。章鱼这时会躲起来。我前面也提过，我们的相机常被撂倒。

这座散落着一个个贝壳条纹深洞的章鱼城邦似乎是这片危险区域中的安全岛，这也许解释了为什么这里一直有章鱼。但这又引出了一个新的问题：章鱼为什么不会同类相食呢？在这片区域，我曾经见过像火柴盒一样小的章鱼，也见过一条腕伸直后体长超过 1 米的章鱼，还见过体形大小介于这两者之间的各种大小的章鱼。鉴于打斗的风险，大型章鱼也许不会捕食彼此，那么，又是什么在保护小型章鱼呢？很多章鱼会同类相食，包括章鱼城邦中章鱼的近亲。但为什么章鱼城邦中没有出现这种现象？也许是因为扇贝为章鱼提供了充足的食物，使它们不至于互相残杀。

顺便一提，扇贝的确有眼睛，而且构造特别。它们的视网膜背后有一块镜面。它们能通过扇动和拍打自己的贝壳游动。我第一次看见扇贝移动时非常惊讶：就像游动的响板！但当它们被章鱼追赶，这种眼睛和游泳技巧就不足以自救。被追捕时，它们很无助。

我再重述一遍我们看到的经过：一个外来物体的入侵构建起了一处罕见的安全洞穴。第一批章鱼带回扇贝食用，把贝壳丢在这里。很快，贝壳不断堆积，后来它们直接构成了这片区域的地面。最终，堆积在一起的贝壳残骸使其他动物可以在这里挖出结构牢固的洞穴，供自己栖息。我们暂不清楚这片贝壳滩还能带来什么可能。有些洞穴至少有大约40厘米深，并且我们非常确定，有些章鱼像隐身一样躲在洞穴极深处。就算章鱼藏身在洞穴中，它们也许还是会伸出腕和彼此互动，甚至交配。我们见过贝壳在下面移动，却看不见任何章鱼。越来越多的章鱼在这里驻扎，贝壳也越积越多。

在我们撰写的第二篇关于这片区域的论文中，我们从“生态系统工程”的角度讨论了这个研究案例：栖息在某个生态环境中的动物的行为能重塑这个环境。正如我们在写那篇论文时意识到的，受到这一切影响的不止有章鱼。很多其他的动物似乎也被吸引到了这片区域。如今，成群的鱼在这里盘旋，俯冲下来然后离去，它们有时候会干扰我们的影像数据。枪乌贼也在这里四处闲逛，给彼此发送信号。躺在这片区域的须鲨来这里也许主要不是为了吃章鱼，我们的摄像机曾经拍到过一条须鲨伏在一群鱼的下方，然后突然冲入鱼群，场面十分壮观。另一种鲨鱼中的幼年个体会在这片贝壳滩上躺上一段时间。南犁头鳐和浑身布满花纹的赤魟也会停留在这片区域，身上到处都爬着寄居蟹。

所有生物在这片区域的密集程度，都远高于它们离这里不远的栖息地。通过收集贝壳，章鱼建造起了一片"人造礁"，而且这片人造礁也促使动物们形成了一种不同寻常的群居生活，一种高密度的、不断互动的生活方式。

关于我们在章鱼城邦观察到的结果有这样一种解释，就是认为这种章鱼，也许还有其他章鱼，它们比人们以往意识到的更具社会性。它们改变颜色和图案展示的这种信号发送行为，的确表明了这一点。越来越多的研究也在推进同一个观点：章鱼彼此之间的互动比我们先前认识到的多得多。2011 年，一份关于章鱼城邦中章鱼近亲的研究报道提到，章鱼可以识别出其他章鱼个体。1992 年一项更有争议性的研究认为，章鱼可以通过观察其他章鱼的行为来学习。另一种解释就是，这片区域的确不同寻常，这至少适用于解释我们观察到的一些情况。这里特殊的环境和章鱼的整体智力共同作用，使章鱼发展出了特殊的行为活动。章鱼需要设法在这种环境下找出合适的生存之道，由此发展出了一些取巧且新颖的行为。它们需要想方设法和彼此好好相处。

我猜想，我们看到的是新行为和已有行为的混合体，其中一些行为存在已久，另一些行为是个体为了适应特殊环境而即兴做出的调整。

我们能在章鱼城邦观察到一些不存在于章鱼普通生活中的元素，这些元素与大脑和心智的演化有关。这里有很多互动和社交探索行为，也有很多行为和感知之间的反馈。章鱼在这里面对的是一种异常复杂的环境，因为这个环境中很重要的组成部分是其他章鱼。而且，章鱼们还会不断地操控和重塑贝壳滩。它们会把碎片丢得到处都是，而这些碎片和其他材料经常会击中其他章鱼。丢弃贝壳也许仅仅是一种清理洞穴的行为，但是在拥挤的环境中，这种行为会导致新的后果——这些抛物似乎确实会影响到被击中的章鱼的行为。目前我们正在试图搞清楚，这些投掷行为中是否有一些是有针对性的。

就我们目前已知的，所有这一切都发生在章鱼短暂的一生中，栖息在这里的章鱼，寿命和其他章鱼无异。章鱼的生命很短暂，所以它们孵完卵后就不会再照顾自己的后代。假设章鱼能活到 2 岁左右，那么从 2009 年开始，已经有几代章鱼曾经在这里生活了。从我们开始拜访这里算起，肯定有很多章鱼生来死去，这些动物不断重塑着这种复杂的半群居环境。我们可以想象，更多的演化步骤会在这样的环境下发生。假设章鱼之间的互动变得更加复杂，信号收发变得更加精细，生物密度也更高。每只动物的生活都和其他动物产生越来越多的交集，这会促使它们的大脑不断演化。我们在第 7 章中讨论过，动物的寿命会受到生活方式的影响，尤其是捕食威胁的影响。如果这种章鱼能够不被吃掉、多活几年，那么它们没有理由不最终演化出更长的寿命。

我并不是说上面描述的一切最终都会在章鱼城邦中发生，这不可能。这是一片很小的区域，生活在这里的物种也很有限。章鱼卵孵化后，幼年章鱼会漂走，而不是待在自己出生的地方。如果这些章鱼能存活下来，那么每只章鱼都会定居到某个地方，再开始漫游。所以，我们没有任何理由认为，现在生活在这片区域的章鱼是之前生活在这里的章鱼的子孙。一片区域的范围和数十年的时间跨度不会对物种的演化产生任何影响，如果这种环境配置出现在一片规模巨大的区域内，而且持续上千年，这才会产生一些演化影响。不过，这片区域还是展现出了章鱼演化的一个可能走向。

平行演化

在快要接近本书的尾声之际，让我们再次把目光投向身体和心智的演化。我们在第 2 章中讨论了演化历程中最古老，也最有助于动物演化的几次里程碑事件：早期的感觉和行动能力，从单细胞生物到动物的演化，还有最早期的神经系统。接着是两侧对称身体结构的演化，也就是我们和蜜蜂还有头足纲动物共有的身体结构的演化。两侧对称身体结构出现后不久，演化树上发生了一次分叉，其中一边通向脊椎动物，另一边通向大量的无脊椎动物，比如昆虫、蠕虫和软体动物。

感觉和行动之间的往来是包括单细胞生命在内的所有生物的特征。在向第一个有神经系统的动物演化的过程中，外部感觉和外部信号收发的机制内化，使得这些体形更大的新生物可以协调体内活动。不论神经系统最初的功能是什么，从埃迪卡拉纪过渡到寒武纪期间，新的动物行为以及使这些行为可以实现的身体结构出现了。生物以一种全新的方式，尤其是通过捕食关系和其他生物的生命交织在一起。生命树继续不断分叉，一些大脑变得更大，并且超大型神经系统还尝试了两次演化实验，一次在脊椎动物这边，一次在头足纲动物那边。

把这些框架讲清楚后，我将继续讨论生命树的一些特征。因为当我们现在重新审视这些特征时，会发现它们彼此之间的新关联。比如，当我们把前几章中仅仅从远处观察的某些分支放大观察，会发现之前忽视的部分细节，这就是我接下去要讨论的部分。首先观察脊椎动物这一边，我们会看到人类自己和其他哺乳动物。但是，哺乳动物不是唯一演化出高智力的脊椎动物。鱼和爬行动物都可以做出令人惊讶的举动，虽然我脑海中主要浮现的是鹦鹉和乌鸦等鸟类。脊椎动物的大脑都是“一个主题下的变奏曲”，共同点非常多，但差异也多。鸟类和人类的共同祖先是生活在3.2亿年前（恐龙出现之前的某段时期）一种长得像蜥蜴的动物。自那时起，大型大脑在脊椎动物中几条相互独立的分支上演化。我在第3章中说过，大型大脑的演化史呈粗略的Y型，一条是脊椎动物，另一条是头足纲动物，但这是一种十分简化的说法。如果我们更仔细地观察脊椎动物这一边，就能看到一些重要的脊椎动物的内部分支。

我在第3章中讲述了头足纲动物的早期演化，在不同章节中讨论了章鱼和乌贼。章鱼和乌贼都是头足纲动物，但是它们在很多方面都有区别。头足纲动物这边的历史是如何发展的？显然在头足纲动物的演化过程中也出现了一次主要分叉，那么两边的动物到底有多大区别?

基于化石记录，人们在很长一段时间内都相信，包括章鱼、乌贼和枪乌贼（它们都属于鞘亚纲）在内的头足纲动物，最初都出现在恐龙统治地球时期，也许是在1.7亿年前。在恐龙统治时期的后期以及恐龙灭亡之后，这些头足纲动物各自演化成了我们熟知的不同形态。

安德鲁·帕卡德（Andrew Packard）在写于1972年的那篇著名论文中提出，这些头足纲动物的演化和几种鱼的演化是平行的。从大约1.7亿年前起，一些鱼开始向着我们熟知的“现代”形态演化。更早期的头足纲动物曾经是海洋中古老的捕食者。鱼演化出了新的形态和头足纲动物竞争，头足纲动物也相应演化，其中就包括演化出了复杂行为。

认为现代头足纲动物起源于一次晚期大爆发的观点，可以用来支持另一个观点：头足纲动物庞大的神经系统因一次偶然的演化而出现，这个神经系统后来变得十分多样。人们经常认真地对待关于这些动物拥有“偶然智力”的假说。确实，面对章鱼这种生命短暂且没有社会性的动物，人们会倾向于相信，拥有这样的大脑对章鱼来说是“大材小用”了。不管是否出于偶然，帕卡德和其他人勾勒出的这幅演化史概貌倾向于支持单一演化支：头足纲动物作为一个整体，既演化出了大脑，之后又演化出了各种次要变化。

这幅演化史概貌后来又变了。帕卡德是基于化石记录发展自己的观点的，但是软体动物只留下了零星少许的化石记录。后来，科学家开始在研究中采用基因测序技术，推测出了和之前很不同的历史概貌。新观点认为，章鱼、乌贼和枪乌贼最近的共同祖先不是生活在 1.7 亿年前，而是 2.7 亿年前。那一时期出现了一次演化分叉，一边通向了包括章鱼和深海幽灵蛸目（*Vampyromorpha*）在内的八腕总目，另一边通向了包括枪乌贼和乌贼在内的十腕总目。

把头足纲动物内部的演化分裂向前推 1 亿年，我们会发现一个完全不同的演化剧本。现在已知的分裂时间是在恐龙出现前的二叠纪，那时候海洋中的生活和现在的截然不同。头足纲动物和鱼类也许还在竞争，但是这个更早的分裂时间表明，头足纲动物更可能是经历了至少两次演化再出现复杂神经系统的，一次发生在通向章鱼的谱系中，另一次发生在通向乌贼和枪乌贼的谱系中。

你也许会回应说：所有头足纲动物的共同祖先可能已经演化出了一些复杂行为，它们是二叠纪时期海洋中最聪明的动物。演化分叉发生的时间的确无法反驳这种回应，但是还有其他证据可以反驳。2015 年，科学家对章鱼进行了第一次基因组测序。我们可以通过基因了解到神经系统是如何在每一个个体生命中建造起来的。建造神经系统需要用精确的方式把细胞连接起来。我们人类用来连接细胞的分子是原钙粘蛋白家族。研究发现，章鱼也用同样的分子搭建神经系统。

这个发现非常有趣：人类和章鱼都用了相似的工具。研究人员在发现原钙粘蛋白分子的同时，还发现在八腕总目和十腕总目分裂之后，那些用来搭建神经系统的分子在枪乌贼和章鱼身上也发生了分化，也就是说枪乌贼和章鱼似乎是分别通过原钙粘蛋白分子家族建造神经系统的。章鱼的演化扩充了这种蛋白家族，枪乌贼也独立地演化出了扩充。所以这些用来建造大脑的分子至少发生了三次分化，不只是分别发生在头足纲动物和像我们这样的动物中的两次分化。

三次分化的重要性取决于乌贼和（或）枪乌贼的智力程度。（我们可以由此把乌贼和枪乌贼视为一组。）相比于对章鱼认知能力的了解，我们对乌贼的认知了解甚少，对枪乌贼了解得更少。但是，最新的证据确实提示我们，神秘莫测的乌贼也有可观的脑力。

克里斯泰勒·乔塞–阿尔维斯（Christelle Jozet-Alves）和她的团队近期在法国诺曼底对一种乌贼的记忆开展了研究。这种乌贼的体形比前几章描述过的巨型乌贼要小一些。动物有几种记忆形式。人类经验感受中一种重要的记忆是情景记忆，也就是对特定事件的记忆，另一种记忆是对事实或者技能的记忆。（你对上一次生日的记忆是一种情景记忆；你对如何游泳的记忆是一种程序记忆，你对法国位置的记忆是一种语义记忆。）乔塞–阿尔维斯和她的团队以可能表明鸟类有某种情景记忆的一系列著名实验为基础，在乌贼身上进行实验。而且，她的团队中就有鸟类学研究的领军人物妮古拉·克莱顿。在鸟类和乌贼的研究中，他们都谈到了“准情景记忆”。之所以这样命名，是因为人类的情景记忆有主观经验这样一个鲜活的元素，但他们并不确定其他动物是否也有主观经验。

在这些测验中，研究人员把动物能够记住哪里和记住什么时候可以找到某种特定食物的行为视为它们拥有准情景记忆的标志；这是一种“什么–哪里–什么时候”的记忆。对乌贼的测试是这样的：首先，实验人员观察清楚了每只乌贼偏好两种食物中的哪种（蟹还是虾），然后把乌贼放到一个特殊的环境中——每种食物都和水族箱中不同的视觉线索相关。它们更偏好的食物（也就是虾）比另一种食物补给得更慢；如果它们吃了虾，那么三小时后才会重新装满虾供它们食用，而蟹的补给频率为一小时装一次。乌贼的确认识到，如果它们吃完上一餐一小时后就被放入水族箱，那就没必要再次游向存放虾的位置，因为那里不会有任何东西。吃完虾一小时后，它们游向存放蟹的位置。过了三小时，它们就会游向存放虾的位置。

所有动物（我们这样的哺乳动物、鸟类、乌贼等）都有准情景记忆这个惊人的事实，可以说明这些不同的演化之间几乎肯定发生过平行演化。我不知道是否有人已经在章鱼身上开展过类似的实验，我也不知道章鱼面对这些任务完成得如何。乔塞-阿尔维斯研究了头足纲十腕总目下的动物，发现它们的大脑拥有相当复杂的认知；从某种程度而言，它们大脑的演化独立于章鱼大脑的演化。换句话说，准情景记忆是头足纲动物内部智力平行演化的证据。这个证据证明，头足纲动物演化出神经系统并不是个意外。头足纲动物神经系统的演化并不是只发生了一次，之后在几条不同的演化分支中被保留下来再各自继续演化，相反，章鱼分支上发生了一次对神经系统的扩充，其他头足纲动物的分支上也平行地对神经系统进行了扩充。

章鱼和乌贼之间的关系看起来很像哺乳动物和鱼。在脊椎动物分支上，一次发生在大约 3.2 亿年前的分叉通向了哺乳动物和鸟类，每种动物都在各自多少有些不同的身体结构中演化出了大型大脑。

在头足纲动物中，章鱼和乌贼都从软体动物的身体结构演化而来，但是它们之间分裂历史的纵深与哺乳动物和鱼之间的相似，都经历了大型大脑的平行演化。这棵演化树可以用下图表示。

从远古时期开始，头足纲动物就已经是庞大的捕食者。在大约2.7亿年前，一种头足纲动物的演化分支上出现了分叉，大概发生

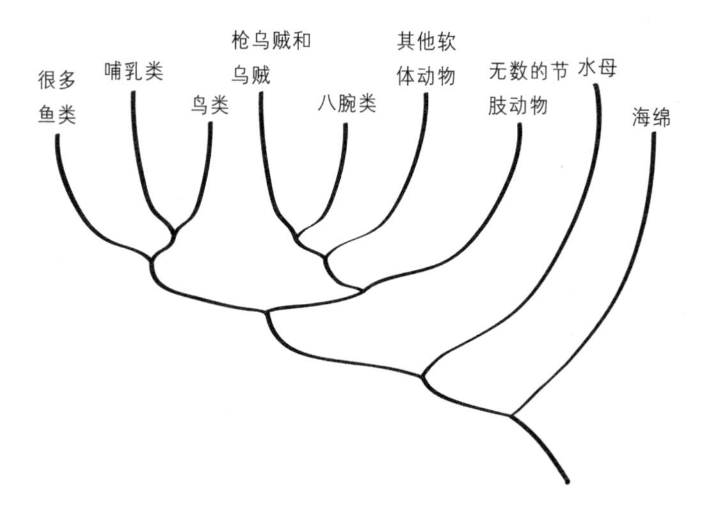

生命树的一部分：这幅图把本书中讨论的一些演化分支放大了。分叉点两边“树干”之间的距离没有按比例呈现，不论种群种类和数目差异多大，我都用相同的方式表现。就种类数目而言，哺乳动物和鸟类是两个大型的分类单位，分支两边的这两组头足纲动物的种类则少得多。（按照传统的生物学分类，哺乳动物和鸟类分属两种不同的纲，所有头足纲动物都属于一种纲。）靠右边的节肢动物算是独立的门，其中包括很多种昆虫、蟹、蜘蛛和蜈蚣等。我在图中省略了很多种群。如果要在图中画上蚯蚓，我会把它画在“其他软体动物”和节肢动物之间，从通向软体动物的一根短分支上分出来。海星的位置靠近左侧的脊椎动物。“鱼类”不会被画成独立的分支。大多数鱼都画在左侧的分支上，腔棘鱼等鱼类则画在通向人类和鸟类的分支上。

在它们抛弃外壳这一至关重要的演化步骤之后。至少有两条分支各自独立演化出了庞大的神经系统。在心灵的演化中，头足纲动物和智慧的脊椎动物进行了两次独立实验。正如哺乳动物和鸟类一样，本书中的章鱼和乌贼代表了心灵演化这一更大型演化实验中的次级实验。

海 洋

心灵演化自海洋，水的存在使这种演化成为可能。所有早期的演化阶段都发生在水中，例如生命的起源、动物的出现、神经系统和大脑的演化、值得拥有大脑的复杂身体的出现。生命的第一次登陆冒险，也许发生在前几章描述的历史事件之后不久，肯定发生在 4.2 亿年前，也许更早。不过，动物的早期历史就是海洋生命史。动物们爬上干旱的陆地时，体内还携带着海水。所有基础的生命活动都发生在充满水的细胞中，它们就像是内部残留着海水的微型容器。我在第 1 章中提到，和章鱼的相遇，从很多方面看都是我们最接近智能外星生物的机会。不过，章鱼到底不是外星生物；它们和我们之所以能成为智能生物，都要归功于地球和地球上的海洋。

大多数时候我们并看不见那些能够使海洋制造出生物和心灵的特性，它们作用在很小的维度上。我们对海洋的所作所为不会使它发生明显的变化，至少海洋不会像一片森林一样被砍伐后就迅速发生让人无法忽视的显著变化。排入海洋的废弃物似乎只是漂走了，被冲散了。似乎很少有海洋污染问题看起来迫在眉睫，而我们为了保护海洋环境所采取的措施也很少能够取得立竿见影的效果。

有时候即使只是草草地看一眼海面之下，我们也能看到自己导致的后果。我大概在2008年左右开始构思写作本书。我在悉尼的海滨买下一套小公寓，北半球处于夏天的时候我会住在这里。正如悉尼海岸线起起伏伏的其他海滩，这片海域的鱼类也被长时间过度捕捞；到了新千禧年，这片海域已经被捕捞一空。不过，这里一个范围较小的海湾在2002年被划为海洋保护区，人们决定把其中所有的野生动植物都彻底保护起来。几年前，这里已经满满栖息着很多鱼类和其他动物。也正是在这里，我遇见了启发我写作本书的头足纲动物。

保护区的作用鼓舞人心，但是海洋仍然面临极大的威胁。过度捕捞是其中最显著的问题，越来越多的海洋生物被不加区分地拖进渔船的冷库。我们对海洋污染的控制不仅仅受到那些贪婪、趋利行为的阻碍，也受到制定处理方案和对我们自身破坏力不自知等各方面的限制。毕竟在渔船离去之后，海洋看起来并没有什么不同。

《物种起源》发表于19世纪后期，在那之后托马斯·赫胥黎成了查尔斯·达尔文在科学界最重要的同盟，他自己本身也是顶尖的生物学家。截至19世纪中期，（西欧）北海的渔民开始担忧，那片海域的鱼类是否会被他们捕捞一空，赫胥黎受邀前去提供建议。他认为，渔民不太需要担心这个问题。他简单地计算了一下这片海域中鱼类的繁殖速度和被捕捞鱼类的比例，1883年在一次演讲中发表了自己的结论：“我相信我可以自信地说，按照我们目前的打捞模式，鳕鱼、鲱鱼和马鲛鱼等很多重要的海洋渔业，都不会面临捕捞一空的局面。”

赫胥黎的乐观判断错得过于离谱。短短几十年后，很多相关的渔业都开始面临严重的困境，尤其是鳕鱼业。赫胥黎也因为曾经自信地下过保证而声名狼藉。对赫胥黎的指责并不完全不可理喻，但是唾弃赫胥黎的人总是会忽略（并有时候会忽视）那段著名评论中的一句话：“鉴于我们目前的打捞模式。”

当然，即使不忽视这个限制条件，赫胥黎的观点也可能是错的。不过，把人们引入歧途的原因之一，毫无疑问是人们没有意识到捕鱼技术会有这么大的革新。捕鱼技术的更新大大提升了每艘渔船能够装载的鱼类总量。随着不断引入机械设备，还有冷库和跟踪鱼群的高科技手段的更新，“我们目前的打捞模式”在赫胥黎给出乐观的演讲后不久就已不复存在，鱼也被捕捞一空。

过度捕捞始于19世纪，一直持续至今，人们能捕到的鱼量越来越少。海洋面临的另一个问题是化学环境的变化。而这种变化更难被人们察觉，污染源的分布也更加全球化，更难解决。

海水酸化就是一个例子。由于化石燃料的燃烧，大气中的二氧化碳含量升高，一些多余的二氧化碳会溶于海水，改变海水的酸碱平衡，使海洋环境偏离正常的轻度碱性状态。包括头足纲动物在内，很多海洋生物的新陈代谢都受到了影响；对珊瑚和其他通过石灰质来形成硬质身体部位的生物打击更严重。在变酸的海水中，那些硬质部位会变软并溶化。

写作本书的后期，我和研究蜜蜂的生物学家安德鲁·巴伦（Andrew Barron）共进午餐。我和他还有哲学家科林·克莱因（Colin Klein）见了面，讨论我们能如何在主观经验的演化起源这个问题上有所进展。当我知道安德鲁研究的是蜜蜂时，我也想询问他关于“蜂群崩溃”的问题，这个问题对全球的蜜蜂都有影响。

蜂群崩溃问题在2007年左右变得比较显著。很多国家的蜂群突然开始衰竭，最终无法为所有依赖它们的农作物授粉，这其中包括苹果、草莓和其他多种农作物。鉴于蜜蜂授粉的经济意义，人们深入研究蜂群“崩溃”的原因。这一定是全球性的，而不是区域性的。但是衰竭发生得非常突然。是寄生虫导致的吗？还是真菌？化学毒素？我询问巴伦时得知，他们已经开始有头绪了。所以导致这种崩溃的因素是什么呢？他表示，根据他们目前了解到的信息，崩溃并不由单一因素导致。相反，在过去很多年间，蜜蜂承受的生存小压力日益增加，比如更多的污染物、更多新的微生物、更少的栖息地，等等。在很长一段时间内，虽然这些压力在不断积累，蜜蜂还是能应付。蜂群更加努力地授粉，以此来吸收化解这些压力。虽然蜂群看上去没有承受多大痛苦，但它们缓解这些因素影响的能力在慢慢衰竭。最终到了一个关键节点，蜂群开始崩溃。它们崩溃的方式非常突然，也极为明显，并不是因为某种害虫突然扫过，而是因为它们吸收压力的能力已经耗尽。现在，果农拼命通过长途卡车把蜂群送到一个个果园，试图用那些健康的还能授粉的蜜蜂来为农作物授粉。

我抛出这个故事，再用同样的方式观察海洋。生物活动的范围如此广阔，以至于几个世纪来我们虽然为所欲为，造成的影响还是很小。但是如今我们给海洋生态系统施加压力的能力大大强于以往。海洋不再以不可见的方式吸收压力，但我们通常很难察觉，而且一旦涉及金钱，这些压力就很容易被我们忽视。很多海域都有“死区”，没有动物能在那里存活（仅有一部分其他生物，比如厌氧生物能生存）。也许在人类对海洋施压之前，死区会自然而然地、时不时地出现，但是它们现在的面积更广。随着海洋周围陆上农场使用的肥料通过径流进入海水，形成恶性循环，有些死区会季节性地出现又消失，另一些会存在得更持久。“死区”：海洋的对立面。

我们有很多理由珍惜和保护海洋，我希望本书能在这个基础上增加一个理由。当你潜入海中，你就在潜入我们所有生命的起源。

注 释

1 穿越生命树的相遇

4 动物的演化史可以用树状图来表示：达尔文在《物种起源》中广泛使用了“生命树”的概念。他承认自己并不是第一个通过模拟树的形状来思考物种关系的人，但是他的创新之处在于用一种历史的方式、用谱系来解读这种关系。从某种意义上而言，和之前的人相比，达尔文更明白“生命树”的比喻和物种关系之间的相似性，正如他在一个著名的段落中巧妙地写道：“所有同种生物的相似性，有时候都可以用一棵树来表现出来。我相信这种比喻与大部分事实吻合。”Charles Darwin, *On the Origin of Species by Means of Natural Selection*, or the *Preservation of Favoured Races in the Struggle for Life*（London：John Murray，1859），129。

关于生物学中的“生命树”，请见 Robert O'Hara，“Representations of the Natural System in the Nineteenth Century，” *Biology and Philosophy* 6 (1991)：255–74。但也有树状图以外的形状，尤其是在非动物中，请见我的 *Philosophy of Biology*（Princeton，NJ：Princeton University Press，2014）。理查德 · 道金斯的《祖先的故事》也强调，生命树的结构生动易懂地描述了动物生命的演化历史：Richard

Dawkins，*The Ancestor's Tale: A Pilgrimage to the Dawn of Evolution*（New York：Houghton Mifflin，2004）。

7 这条分支并没有囊括所有可以被称为"无脊椎动物"的动物：一些生物学家觉得这个术语的用法有问题，因为无脊椎动物并不属于一条明确的分支，而是分布在几条分支上。我在本书中用了一些因为不属于单一明确分支而遭到生物学家反对的术语，比如"真核生物"和"鱼"。我觉得这些术语有时候还是有用的。

10 在本书的开头，我引用了哲学家、心理学家的威廉·詹姆斯写于19世纪末的一段话：第一段选自威廉·詹姆斯的《心理学原理》上册：*Principles of Psychology,* vol. I（New York：Henry Holt，1890），148。尤其在詹姆斯学术生涯的后期，他想通过更激进的思路来解决心灵和物质之间"连续性"问题，远比《心理学原理》中呈现的更激进。请见"A World of Pure Experience，" *The Journal of Philosophy, Psychology and Scientific Methods* 1，nos. 20–21（1904）：533–43，561–70。

10 内心空空如也："内心空空如也"这个词组出自戴维·查默斯的《有意识的心灵：对根本理论的探寻》：*The Conscious Mind: In Search of a Fundamental Theory*（Oxford and New York：Oxford University Press，1996），96。除了动手术时能看到大脑，其余时候大脑内部当然是暗的。对于拥有大脑的动物而言，虽然拥有这样的大脑，但它们看出来的事物未必都是暗的，因为观察外界环境时会遇到光。从很多方面来看，这个比喻具有误导性，不过用在这里确实也能呈现出一些大脑的内部特性。

11 人类学家罗兰·迪克森引述的夏威夷人的传说：这段话引自 Roland Dixon，Oceanic Mythology, vol. 9 of The *Mythology of All Races,* ed. Louis Herbert Gray（Boston：Marshall Jones，1916）15。非常感谢头足纲动物小说《克拉肯》〔*Kraken*（New York：Del Rey/Random House，2010）〕的作者希纳·米耶维尔（China Miéville）把罗兰·迪克森和这个段落介绍给我。

2 一段动物演化史

13 地球大概已有45亿年的历史：更准确地说，地球于45.67亿年前开始形成。关于生命起源和早期生命演化史的讨论，请见 John Maynard Smith and Eörs Szathmáry，*The Origins of Life: From the Birth of Life to the Origin of Language*（Oxford and New York：Oxford University Press，1999）。近期关于相关观点的学术讨论，请见 Eugene Koonin and William Martin，"On the Origin of Genomes and Cells Within Inorganic Compartments，" *Trends in Genetics* 21，no. 12（2005）：647–54。目前关于生命起源的观点似乎都集中在海洋生命的起源上，也许是在深海。也有关于浅海环境中生命起源的研究。目前可以确定的是，生命在34.9亿年前就已经存在，所以生命应该演化起源于更早的时期。生命不一定从细胞形式开始，虽然细胞被认为是一种古老的生命形式。

13 有些早期的合作关系非常紧密：Bettina Schirrmeister et al.，"The Origin of Multicellularity in Cyanobacteria，" *BMC Evolutionary Biology* 11（2011）：45。

14　单细胞生物也可以感受周围并做出反应：Howard Berg，“Marvels of Bacterial Behavior，” in *Proceedings of the American Philosophical Society* 150，no 3（2006）：428–42；Pamela Lyon，“The Cognitive Cell：Bacterial Behavior Reconsidered，” *Frontiers in Microbiology* 6（2015）：264；Jeffry Stock and Sherry Zhang，“The Biochemistry of Memory，” *Current Biology* 23，no. 17（2013）：R741–45。

15　真核生物体积更大，内部结构也更复杂：关于复杂细胞演化中，古菌吞噬的相关内容，请见 John Archibald，*One Plus One Equals One: Symbiosis and the Evolution of Complex Life*（Oxford and New York：Oxford University Press，2014）。正如我写到的，吞噬其他细胞的生物只能算是近似细胞的生物。它也许是种古老的古菌。

15　光在生命世界中扮演着一个双重角色：请见 Gáspár Jékely，“Evolution of Phototaxis，” *Philosophical Transactions of the Royal Society B* 364（2009）：2795–808。一项发表于 2016 年的研究值得引起重视，研究人员描述了一种可以把整个细胞当作“显微镜眼球”来聚焦成像的蓝细菌，成像位置位于细胞边缘距离光源最远的地方。请见 Nils Schuergers et al.，“Cyanobacteria Use Micro-Optics to Sense Light Direction，” *eLife* 5（2016）：eI2620。

16　它们也会被自己不能食用的化学物质吸引：请见 Melinda Baker，Peter Wolanin，and Jeffry Stock，“Signal Transduction in Bacterial Chemotaxis，” *BioEssays* 28（2005）：9–22。

16　群体感应就是这种早期社会行为中的一例：请见 Spencer Nyholm and Margaret McFall-Ngai，“The Winnowing: Establishing the

Squid-Vibrio Symbiosis," *Nature Reviews Microbiology* 2（2004）：632–42。

17 首先印入脑海的就是这样的海洋环境：关于该论题的延伸讨论，请见我的论文"Mind，Matter，and Metabolism," *Journal of Philosophy*，113（2016）：481-506。

18 我们已经来到了两个事件的开端：关于这些关系的讨论，已有研究者经过深思熟虑展开论述，请见 John Tyler Bonner，First Signals：*The Evolution of Multicellular Development*（Princeton，NJ：Princeton University Press，2000）。这本书对我思考行为转变和多细胞生物的生命产生过很多影响。

18 生物彼此间发信号和感受周围环境的行为：早期杰出的演化学家约翰·伯登·桑德森·霍尔丹（J. B. S. Haldane）曾于 1945 年指出，简单的海洋生物在栖息地遇到激素和神经递质（用于控制和协调我们这样的生物体体内的活动）时，也会受到这些化学物质的影响。简单的生物会把我们用作体内信号的化学物质视为体外信号或线索。霍尔丹猜想，激素和神经递质起源于我们那些单细胞祖先之间传送的化学信号。请见 Haldane，"La Signalisation Animale," *Année Biologique* 58（1954）：89–98。我并没有在文中讨论和神经系统一起实时调整行动的激素系统，但这确实是另一个有趣的体内信号传递例子。

18 动物是多细胞生物，我们体内有很多一起协作的细胞：请见 John Maynard Smith 和 Eörs Szathmáry 合著的 *The Major Transitions in Evolution*（Oxford and New York：Oxford University Press，1995）；

还可见 Brett Calcott and Kim Sterelny，*The Major Transitions in Evolution Revisited*（Cambridge，MA：MIT Press，2011）。

19 之后发生了什么，目前还没有定论：我写作本书的过程中，这一点还是充满争议。关于我称之为“主流”观点的详尽阐述，请见 Claus Nielsen，“Six Major Steps in Animal Evolution：Are We Derived Sponge Larvae ？” *Evolution and Development* 10，no. 2（2008）：241–57。这种“主流”观点正受到来自以基因组数据为基础的研究的挑战。那些研究认为，栉水母的分支早于海绵的分支。请见专门讨论这一问题的论文 Joseph Ryan（and sixteen coauthors），“The Genome of the Ctenophore *Mnemiopsis leidyi* and Its Implications for Cell Type Evolution，” *Science* 342（2013）：I242592。

不论是海绵还是栉水母，它们与我们的关系都很遥远，但这并不意味着我们的祖先就形似海绵或栉水母。和我们一样，现存的海绵也经历了很多演化步骤，我们的祖先并没有理由长得更像海绵。但还有其他因素的影响。如果我们研究不同的海绵，就会发现它们之间也存在着古老的演化分支，从一种古老的类似于海绵的生物演化而来。海绵可能也属于一种并系群（paraphyletic），也就是说它们并不演化自一个从其他生物分支出来的共同祖先。如果这是事实，那么就可以支持（不过并不能验证）以下观点：我们的祖先曾经形似海绵。因为现存的类似于海绵的动物并不是从一条单一的演化分支演化而来的。

关于海绵隐藏行为的更多研究，请见 Sally Leys and Robert

Meech，“Physiology of Coordination in Sponges，” *Canadian Journal of Zoology* 84，no. 2（2006）：288–306，还可见 Leys's “Elements of a ‘Nervous System’in Sponges，” *Journal of Experimental Biology* 218（2015）：581–91；Leys et al.，“Spectral Sensitivity in a Sponge Larva，” *Journal of Comparative Physiology* A 188（2002）：199–202；还可见 Onur Sakarya et al.，“A Post-Synaptic Scaffold at the Origin of the Animal Kingdom，” *PLoS ONE* 2，no. 6（2007）：e506。

22 某种特定的信号传递：生物学中总有例外。有些神经元之间直接通过电信号连接彼此，并不只是通过化学信号联系彼此。此外，也并不是所有神经元都有动作单位。比如在我写作本书时，关于秀丽隐杆线虫（*Caenorhabditis elegans*）是否会在它的神经系统中使用动作单位还无定论。秀丽隐杆线虫这种微型蠕虫在生物学界被视为一种重要的“现代生物”。神经系统要正常运作，也许仅仅借助神经元的电位变化得更平稳就可以实现。

关于神经元演化的讨论，请见 Leonid Moroz，“Convergent Evolution of Neural Systems in Ctenophores，” *Journal of Experimental Biology* 218（2015）：598–611；Michael Nickel，“Evolutionary Emergence of Synaptic Nervous Systems：What Can We Learn from the Non- Synaptic, Nerveless Porifera ？” *Invertebrate Biology* 129，no. 1（2010）：1–16；又见 Tomás Ryan and Seth Grant，“The Origin and Evolution of Synapses，” *Nature Reviews Neuroscience* 10（2009）：701–12。对目前争论的评议，请见 Benjamin Liebeskind et al.，“Complex Homology and the Evolution of Nervous Systems，” *Trends in Ecology and Evolution* 31，no. 2（2016）：127–35。一些生物学家认为，植物也有神经系统。请见 Michael Pollan's "The Intelligent Plant," *New Yorker*，December 23，2013：93–105。

22 在我看来，人们对这个问题的思考受到两种学说的影响：关于这段争议的历史及其重要性，我非常感激弗雷德·凯泽的研究和我们就此问题的讨论。

我在这里讨论的两种学说，都假设神经系统的主要作用是控制行为。这是一种简化，因为神经系统还有很多其他作用。比如它会控制睡眠周期等生理过程，也会引导包括变态在内的大规模身体变化。不过在本书中，我主要讨论神经系统对行为的控制。强调感官–运动控制作用的早期传统，是自然而然地从早期的哲学观点中发展过来的，不过第一次对此进行明确讨论的可能是乔治·帕克（George Parker）的《基础神经系统》（*The Elementary Nervous System*，Philadelphia and London：J. B. Lippincott，1919）。乔治·麦凯（George Mackie）和帕克在此基础上合著了很多特别有意思的论文，请见 "The Elementary Nervous System Revisited," *American Zoologist*（现更名为 *Integrative and Comparative Biology*）30，no. 4（1990）：907–20，又见 Meech and Mackie, "Evolution of Excitability in Lower Metazoans," in *Invertebrate Neurobiology*，ed. Geoffrey North and Ralph Greenspan，581–615（Cold Spring Harbor，NY：Cold Spring Harbor Laboratory Press，2007）。这个讨论还在继续，请见 Gáspár Jékely，"Origin and Early Evolution of Neural Circuits for the Control of Ciliary

Locomotion," *Proceedings of the Royal Society* B 278（2011）: 914–22。耶凯伊、凯泽和我还一同合作了一篇论文，把我们关于神经系统的功能和它们早期演化的认识统合在一起，请见 Jékely, Keijzer, and Godfrey-Smith, "An Option Space for Early Neural Evolution," *Philosophical Transactions of the Royal Society* B 370（2015）: 20150181。

23 做出动作：请见 Fred Keijzer, Marc van Duijn, and Pamela Lyon, "What Nervous Systems Do: Early Evolution, Input–Output, and the Skin Brain Thesis," *Adaptive Behavior* 21, no. 2（2013）: 67–85；凯泽后来还写了一篇有意思的讨论："Moving and Sensing Without Input and Output: Early Nervous Systems and the Origins of the Animal Sensorimotor Organization," *Biology and Philosophy* 30, no. 3（2015）: 311–31。

24 在上文中我把神经元之间的交流比作一种信号传递：重要的早期模型请见 David Lewis, *Convention: A Philosophical Study*（Cambridge, MA: Harvard University Press, 1969）。该模型的现代版本请见 Brian Skyrms in *Signals: Evolution, Learning, and Information*（Oxford and New York: Oxford University Press, 2010）。我写过一篇论文讨论交流模型可以如何应用到生物体内的交互中，请见 "Sender-Receiver Systems Within and Between Organisms," *Philosophy of Science* 81, no. 5（2014）: 866–78。

26 英国生物学家克里斯·潘廷在 20 世纪 50 年代发展了这个学说：请见 C. F. Pantin, "The Origin of the Nervous System," *Pubblicazioni*

della Stazione Zoologica di Napoli 28（1956）：171–81；L. M. Passano，“Primitive Ner vous Systems，” *Proceedings of the National Academy of Sciences of the USA* 50，no. 2（1963）：306–13；弗雷德·凯泽的论文已经列在上面。

27 1946年，澳大利亚地理学家雷金纳德·斯普里格在南澳大利亚州的内陆勘测一些已经被遗弃的矿区：有一部关于斯普利格的传记，请见 *Rock Star: The Story of Reg Sprigg—An Outback Legend* was written by Kristin Weidenbach（Hindmarsh，South Australia：East Street Publications，2008；Kindle ed.，Adelaide，SA：MidnightSun Publications，2014）。斯普里格用自己作为地质探测者和企业家的收入建起了一座保护区兼生态旅游的度假村，起名为阿卡卢拉（Arkaroola）。他也为自己打造了一座深海潜水钟，还一度保持着他们当地的潜水纪录（90米的潜水深度我完全做不到）。

28 吉姆·格林带我参观了这些展览：这个展览位于阿德莱德的南澳大利亚博物馆，格林是那里的高级研究员。我关于埃迪卡拉纪的讨论，以及动物演化史中很多时间节点的确认，参考了凯文·彼得森（Kevin Peterson）以及格林的论文，请见 Kevin Peterson et al.，“The Ediacaran Emergence of Bilaterians：Congruence Between the Genetic and the Geological Fossil Records，” *Philosophical Transactions of the Royal Society* B 363（2008）：1435–43。还请见 Shuhai Xiao and Marc Laflamme，“On the Eve of Animal Radiation：Phylogeny，Ecology and Evolution of the Ediacara Biota，” *Trends in Ecology and Evolution* 24，no. 1（2009）：31–40; and Adolf Seilacher，

Dmitri Grazhdankin, and Anton Legouta, "Ediacaran Biota: The Dawn of Animal Life in the Shadow of Giant Protists," *Paleontological Research* 7, no. 1 (2003): 43–54。

29 最明确的例子就是金伯拉虫：关于如何理解这种生物到底是什么，有很多讨论，有人认为它是水母，也有人认为它是软体动物。M. Fedonkin, A. Simonetta, and A. Ivantsov, "New Data on Kimberella, the Vendian Mollusc-like Organism (White Sea Region, Russia): Palaeoecological and Evolutionary Implications," in *The Rise and Fall of the Ediacaran Biota*, ed. Patricia Vickers-Rich and Patricia Komarower (London: Geological Society, 2007), 157–79；还有最近的文章，请见 Graham Budd, "Early Animal Evolution and the Origins of Nervous Systems," *Philosophical Transactions of the Royal Society* B 370 (2015): 20150037。关于软体动物的解读，请见 Jakob Vinther, "The Origins of Molluscs," *Palaeontology* 58, Part 1 (2015): 19–34。在我写作本书期间，金伯拉虫的化石变得更为重要，也更有争议。一位和我通信的朋友对于我在本书中把金伯拉虫理解为软体动物表示担忧，他认为我是在继续介绍一种不可信的观点。而另一方面也有人认为，把金伯拉虫视为软体动物的解释对于诠释早期两侧对称生物的演化至关重要（上面列出的论文中不包含持有这一观点的作者）。也许当你读到本书时，金伯拉虫的属性能够更明确。

31 这个词组由美国古生物学家马克·麦克梅纳明提出：Mark McMenamin, The Garden of Ediacara: *Discovering the First Complex Life*

（New York：Columbia University Press，1998）。

33 2015 年，英国伦敦皇家学会举办了一场关于早期动物和最早期神经系统的会议：会议论文请见 *Philosophical Transactions of the Royal Society* B 370，December 2015。这次会议由弗兰克·希尔特（Frank Hirth）和尼古拉斯·斯特拉斯菲尔德（Nicholas Strausfeld）共同组织。关于水母的刺细胞，请见会议论文集中 Doug Irwin 的论文，“Early Metazoan Life：Divergence，Environment and Ecology”，以及 Graham Budd 的论文，“Early Animal Evolution and the Origins of Nervous Systems”。2016 年出版的第 371 卷是后一次会议，即同源性与神经系统的起源会议的论文集，同样为本书的写作提供了极有价值的参考。

33 “寒武纪大爆发”发生在大约 5.42 亿年前：请见 Charles Marshall，“Explaining the Cambrian ‘Explosion’ of Animals，” *Annual Review of Earth and Planetary Sciences* 34（2006）：355–84；又见 Roy Plotnick，Stephen Dornbos，and Junyuan Chen’s “Information Landscapes and Sensory Ecology of the Cambrian Radiation，” *Paleobiology* 36，no. 2（2010）：303–17。

34 最初的两侧对称生物，或者至少某些早期的两侧对称生物：请见 Graham Budd and Sören Jensen，“The Origin of the Animals and a ‘Savannah’Hypothesis for Early Bilaterian Evolution，” *Biological Reviews*，published online November 20，2015；还可见 Linda Holland and six coauthors，“Evolution of Bilaterian Central Nervous Systems：A Single Origin？” *EvoDevo* 4（2013）：27。另外还可见

上述提到的 2015 年英国皇家学会会议论文集。第一批两侧对称动物和现存两侧对称动物最近的共同祖先是两个不同的议题。例如，现存两侧对称动物最近的共同祖先也许已经具有眼点，但第一批两侧对称动物未必有。如果现存两侧对称动物最近的共同祖先有眼点，那就说明诸如金伯拉虫和斯普里格蠕虫等埃迪拉卡纪两侧对称动物已经有眼点（如果它们确实是两侧对称动物的话），或者至少它们的祖先已经有眼点。不过这一切都还存在争议。

顺便说一句，海星是两侧对称动物，虽然成年海星的身体是呈径向对称的。两侧对称动物的范围已久有争议，有人认为刺细胞动物也是两侧对称，或者至少有两侧对称的祖先。

35 两侧对称生物之外，行为最复杂的动物：请见 Anders Garm，Magnus Oskarsson，and Dan-Eric Nilsson，“Box Jellyfish Use Terrestrial Visual Cues for Navigation，” *Current Biology* 21，no. 9（2011）：798–803。

37 第一双复杂的眼睛：Andrew Parker，*In the Blink of an Eye：How Vision Sparked the Big Bang of Evolution*（New York：Basic Books，2003）。

37 就像巴德认为的，动物的行为本身也会改变埃迪卡拉纪资源的分配方式：Budd and Jensen，“The Origin of the Animals and a ‘Savannah’ Hypothesis...，” 如上所引。格林带我在阿德莱德参观埃迪卡拉纪遗存的时候，就是这样描述他的假设的。

38 另一位哲学家迈克尔・特雷斯特曼也提供了一个有趣的思路：请见 Trestman，“The Cambrian Explosion and the Origins of Embodied Cognition，” *Biological Theory* 8，no. 1（2013）：80–92。

40 生物学家代特列夫·阿伦特和他的同事就提出过另一种：Maria Antonietta Tosches and Detlev Arendt，“The Bilaterian Forebrain：An Evolutionary Chimaera,” Current Opinion in Neurobiology 23，no. 6（2013）：1080–89；以及 Arendt，Tosches，and Heather Marlow，“From Nerve Net to Nerve Ring，Nerve Cord and Brain—Evolution of the Nervous System,” *Nature Reviews Neuroscience* 17（2016）：61–72。

42 下图就是生命树上这段分裂的示意图：在这幅示意图中，我避免在仍然存在争议的问题上表明立场。我完全没有画栉水母；神经元演化的不确定性也影响了栉水母在演化树上的可能位置。在我们人类这边，除了有其他一些无脊椎的两侧对称动物之外，还有海星和其他棘皮动物。这张图上并不包括植物和菌类等非动物生物。这些动物以外的生物，以及很多单细胞生物都位于更右侧的分支上。

3 淘气且诡计多端

43 埃里亚努斯：这句话引自 *On the Characteristics of Animals*, Book 13，translated by A. F. Schofield，Loeb Classical Library（Cambridge，MA：Heinemann，1959），87–88。

44 章鱼和其他头足纲动物都属于软体动物：关于头足纲动物和它们行为的研究，请见 Roger Hanlon and John Messenger，*Cephalopod Behaviour*（Cambridge，U.K.：Cambridge University Press，1996，即将更新版本）；以及 *Cephalopod Cognition*，a collection

edited by Anne-Sophie Darmaillacq，Ludovic Dickel，and Jennifer Mather（Cambridge University Press，2014）。流传更广的章鱼研究，请见 *Octopus: The Ocean's Intelligent Invertebrate,* by Mather，Roland Anderson，and James Wood（Portland，OR：Timber Press，2010）；还有 Sy Montgomery，*The Soul of an Octopus: A Surprising Exploration into the Wonder of Consciousness*（New York：Atria/Simon and Schuster，2015）。

45 头足纲动物的这条分支可能要追溯到早期类似的软体动物：我在本章提及的演化历史主要参考了 Björn Kröger，Jakob Vinther，and Dirk Fuchs，"Cephalopod Origin and Evolution：A Congruent Picture Emerging from Fossils，Development and Molecules，" *BioEssays* 33，no. 8（2011）：602–13。关于这部分演化的整体认识，来源于 James Valentine，*On the Origin of Phyla*（Chicago：University of Chicago Press，2004）。

45 在陆地上想要轻而易举地从地上飞到空中是不可能的：有趣的是，陆上动物的飞行能力在演化史上演化出了好几次，演化环境中空气的流动方式类似于海水。请见 Robert Dudley，"Atmospheric Oxygen，Giant Paleozoic Insects and the Evolution of Aerial Locomotor Performance，" *Journal of Experimental Biology* 201（1998）：1043–50。

46 然而，鹦鹉螺幸存了下来：关于鹦鹉螺的更多细节，请见 Jennifer Basil and Robyn Crook，"Evolution of Behavioral and Neural Complexity：Learning and Memory in Chambered Nautilus，" in

Cephalopod Cognition, ed. Darmaillacq, Dickel, and Mather, 31–56。

47 最古老的可能是章鱼的化石：请见 Joanne Kluessendorf and Peter Doyle, “Pohlsepia mazonensis, an Early ‘Octopus’from the Carboniferous of Illinois, USA,” *Palaeontology* 43, no. 5（2000）: 919–26。一些生物学家并不相信这一可以追溯到 2.9 亿年前的化石证据。

50 就在头足纲动物的身体向着它们现在的体形演化时：请见 Frank Grasso and Jennifer Basil, “The Evolution of Flexible Behavioral Repertoires in Cephalopod Molluscs,” *Brain, Behavior and Evolution* 74, no. 3（2009）: 231–45。

70 一只普通章鱼体内一共有 5 亿个神经元：请见 Binyamin Hochner, “Octopuses,” *Current Biology* 18, no. 19（2008）: R897–98。其中有这样一段总结：“章鱼的神经系统内大约有 5 亿个神经细胞，是其他软体生物体内神经细胞的几万倍（例如，蜗牛大约有 1 万个神经元），也是其他复杂昆虫体内神经细胞的几百倍（比如，蟑螂和蜜蜂大约有 100 万个神经元）。这些昆虫行为的复杂程度在无脊椎动物中也许仅次于章鱼。章鱼的神经元数量位于两栖动物的范围内，介于青蛙（大约有 1 600 万神经元）与小老鼠（大约有 5 000 万个神经元）、大老鼠（大约有 1 亿个神经元）之类的小型哺乳动物之间，但具体数量也并不比其他哺乳动物少很多，比如狗大约有 6 亿个神经元，猫大约有 10 亿个神经元，普通猕猴大约有 20 亿个神经元。”

具体数出或者估测神经元的数量都不是件易事，因此以上这些数字只是个大概。里约热内卢联邦大学的苏珊娜·赫丘拉诺–胡泽（Suzana Herculano-Houzel）研究出了一种新的计数方法，并运用在了动物身上。她也计划未来把这种方法应用到章鱼的研究中。

51 在近期关于动物智力的研究中，最让人惊讶的发现：请见 Irene Maxine Pepperberg，*The Alex Studies: Cognitive and Communicative Abilities of Grey Parrots*（Cambridge，MA：Harvard University Press，2000）; Nathan Emery and Nicola Clayton，“The Mentality of Crows：Convergent Evolution of Intelligence in Corvids and Apes，” *Science* 306（2004）：1903–907; Alex Taylor，“Corvid Cognition，” *WIREs Cognitive Science* 5，no. 3（2014）：361–72。

51 当生物学家观察一只鸟、一只哺乳动物甚至一条鱼时，他们能够把两种不同动物大脑中的很多部分相互对应起来：请见 David Edelman，Bernard Baars，and Anil Seth，“Identifying Hallmarks of Consciousness in Non-Mammalian Species，” *Consciousness and Cognition* 14，no. 1（2005）：169–87。

52 章鱼在实验室接受测试时能非常出色地完成任务：Hanlon and Messenger，*Cephalopod Behaviour*; *Cephalopod Cognition*, ed. Darmaillacq，Dickel，and Mather。

52 哈佛大学的科学家彼得·杜斯：请见他的论文“Some Observations on an Operant in the Octopus，” *Journal of the Experimental Analysis of Behavior* 2，no. 1（1959）：57–63。关于通过奖惩学习的研究历史，请见 Edward Thorndike，“Animal Intelligence：An Experimental Study

of the Associative Processes in Animals," *The Psychological Review*, Series of Monograph Supplements 2, no. 4（1898）: 1–109；又见 B. F. Skinner, *The Behavior of Organisms: An Experimental Analysis*（Oxford, U.K.: Appleton-Century, 1938）。

55 至少有两家水族馆的章鱼学会了在无人看护的情况下，通过向灯泡喷射水流使灯短路来关灯：其中一个故事刊登在英国的《每日电讯报》上：德国科堡的海星水族馆受到神秘停电时间的困扰。发言人表示："直到第三晚我们才意识到章鱼奥托是这一片混乱的罪魁祸首……我们知道水族馆冬季闭馆时它会很无聊。体长接近80厘米的奥托发现自己大到可以翻上水族箱的边缘，待仔细瞄准方向后，它便把水柱射向头顶2千瓦的聚光灯。"（www.telegraph.co.uk/news/newstopics/howaboutthat/3328480/Otto-the-octopus-wrecks-havoc.html）另一个例子发生在新西兰的奥塔哥大学，是珍·麦金农在我们通信时告诉我的。她补充道："这样的事情不会再发生了，我们换了防水灯！"

56 戴尔豪斯大学的谢利·阿达莫的实验室里：信息来源为个人通信。

56 2010年，一项实验证实了太平洋巨型章鱼确实可以认出不同的人类个体：Roland Anderson, Jennifer Mather, Mathieu Monette, and Stephanie Zimsen, "Octopuses（Enteroctopus dofleini）Recognize Individual Humans," *Journal of Applied Animal Welfare Science* 13, no. 3（2010）: 261–72。

57 宾夕法尼亚米勒斯维尔大学的琼·博尔也告诉我了一个能解释林奎斯特观点的故事：信息来源为与琼·博尔的个人通信。

59 很多这样的早期实验记录读起来非常痛心：很多早期的神经生物学研究都是如此，例如以下书籍中提到的例子 Marion Nixon and John Z. Young，*The Brains and Lives of Cephalopods*（Oxford and New York：Oxford University Press，2003）。欧盟的最新规定请见欧盟议会和理事会发布的 Directive 2010/63/EU。

59 詹妮弗·马瑟和西雅图水族馆的罗兰·安德森完成了第一次研究章鱼玩耍行为的实验：请见 Mather and Anderson，“Exploration，Play and Habituation in Octopus dofleini，” *Journal of Comparative Psychology* 113，no. 3（1999）：333–38；以及 Michael Kuba，Ruth Byrne，Daniela Meisel，and Jennifer Mather，“When Do Octopuses Play? Effects of Repeated Testing，Object Type，Age，and Food Deprivation on Object Play in Octopus vulgaris，” *Journal of Comparative Psychology* 120，no. 3（2006）：184–90。还可以参见上述引用过的 *Cephalopod Cognition*，a collection edited by Anne-Sophie Darmaillacq，Ludovic Dickel，and Jennifer Mather（Cambridge University Press，2014）。

60 这段旅途持续了 10 分钟之久：马特用相机记录下了时间。虽然这并不是唯一一次章鱼带他游览的经历，却是持续时间最长的一次。

60 资讯平台的网站：网址是 https://www.tonmo.com/

61 这个现在被我们称为“章鱼城邦”的地方：请见 Godfrey-Smith and Lawrence，“Long-Term High-Density Occupation of a Site by Octopus tetricus and Possible Site Modification Due to Foraging Behavior，” Marine and Freshwater Behaviour and Physiology 45，no. 4（2012）：1–8。

62 下面这张照片摄于这片贝壳滩的边缘：这张照片以及第 102、185 和 188 页上的照片都是我们不在场时，水下摄像机在章鱼城邦中拍摄的。感谢我的合作者马修·劳伦斯、戴维·谢尔和斯蒂芬·林奎斯特允许我在本书中使用这些照片。

64 2009 年，一群印度尼西亚的研究人员惊讶地发现：请见 Julian Finn，Tom Tregenza，and Mark Norman，“Defensive Tool Use in a Coconut-Carrying Octopus，” *Current Biology* 19，no. 23（2009）：R1069–70。我知道动物使用复合工具的最佳例子是一些黑猩猩把一块“楔形”石与一块石板合在一起，用来敲碎坚果。它们把楔形石插入石板，以防楔形石在敲坚果时掉落，让工具用起来更方便。请见 William McGrew，“Chimpanzee Technology，” *Science* 328（2010）：579–80。

65 在节肢动物中，非常复杂的行为倾向于通过很多个体的合作实现：这只是泛泛地概括，有些学者会强调例外，比如蜘蛛和口足目动物。关于蜘蛛，请见 Robert Jackson and Fiona Cross，“Spider Cognition，” *Advances in Insect Physiology* 41（2011）：115–74。加州大学伯克利分校的杰出章鱼研究人员罗伊·考德威尔称，一些口足目动物（或者螳螂虾）有着非常复杂的行为能力，而且复杂程度不亚于章鱼。不过他认为，鉴于不同动物具备不同的感官能力，这样比较并没有什么意义。请见 Thomas Cronin，Roy Caldwell，and Justin Marshall，“Learning in Stomatopod Crustaceans，” *International Journal of Comparative Psychology* 19（2006）：297–317。

66 在Y的分叉中心，就是脊椎动物和软体动物最后的共同祖先：关于这种动物（原口动物或后口动物祖先）的复杂程度，学界尚存争论。请见 Nicholas Holland，“Nervous Systems and Scenarios for the Invertebrate-to-Vertebrate Transition，” *Philosophical Transactions of the Royal Society* B 371，no. 1685（2016）：20150047（也可参见 20150055）；以及 Gabriella Wolff and Nicholas Strausfeld，“Genealogical Correspondence of a Forebrain Centre Implies an Executive Brain in the Protostome-Deuterostome Bilaterian Ancestor”。

文中“也许是……身形如蠕虫的生物”的描述其实是模糊的描述，并不特指任何一种扁虫或环节动物等现存的蠕虫。加布里埃拉·沃尔夫和尼古拉斯·斯特奥斯菲尔德认为，共同祖先有一颗“执行脑”，不过从大多数标准来看，他们想象的“执行脑”结构非常简单；他们把假设出来的这个共同祖先与大脑中有着成百上千个神经元的扁虫进行比较。也有人认为共同祖先是种体形非常小、结构简单的早期两侧对称动物。请见 Gregory Wray，“Molecular Clocks and the Early Evolution of Metazoan Nervous Systems，” article 20150046 in *Philosophical Transactions B* 370，no. 1684（2015）。

66 另一边是头足纲动物那一支：请见 Bernhard Budelmann，“The Cephalopod Nervous System：What Evolution Has Made of the Molluscan Design，” in O. Breidbach and W. Kutsch，eds.，*The Nervous System of Invertebrates: An Evolutionary and Comparative Approach*，115–38（Basel，Switzerland：Birkhäuser，1995）。

67 早期无论是行为学还是解剖学研究：请见 Nixon and Young，*The Brains and Lives of Cephalopods*。

68 章鱼拽起一块食物后：请见 Tamar Flash and Binyamin Hochner，"Motor Primitives in Vertebrates and Invertebrates，" *Current Opinion in Neurobiology* 15，no. 6（2005）：660–66。

68 每条腕的神经系统内也包括神经元回路：请见 Frank Grasso，"The Octopus with Two Brains：How Are Distributed and Central Representations Integrated in the Octopus Central Nervous System？" in *Cephalopod Cognition*，94–122。

68 描述了一个非常巧妙的实验：请见 Tamar Gutnick，Ruth Byrne，Binyamin Hochner，and Michael Kuba，"Octopus vulgaris Uses Visual Information to Determine the Location of Its Arm，" *Current Biology* 21，no. 6（2011）：460–62。

蒙哥马利在《章鱼的灵魂》一书中提到，很多研究人员都能说出关于章鱼的逸事：章鱼被放入它们不熟悉但含有食物的水族箱中后，它们的腕彼此之间的意见似乎不一。有些腕会把章鱼拽向食物，其他的则想退缩到角落里。我有一次在悉尼的某实验室见到过类似的场景：章鱼似乎被面对同一情况却反应不一的腕四处拉扯。鉴于当时实验室里的灯光太强，章鱼可能完全昏了头，所以我现在依旧不清楚这一现象的重要性。

70 它们到处游来游去，常在礁石间：也有深海章鱼，只是它们更不为人知。请见 Darmaillacq et al.s collection *Cephalopod Cognition*。

70 动物心理学家在试图解释大型大脑的演化过程时：请见 Nicholas

Humphrey，“The Social Function of Intellect，in P. P. G. Bateson and R. Hinde，eds.，*Growing Points in Ethology*，303–17（Cambridge，U.K.：Cambridge University Press，1976）；还有 Richard Byrne and Lucy Bates，“Sociality，Evolution and Cognition，” *Current Biology* 17，no. 16（2007）：R714–23。

70 为了进一步完善这个观点，我将对灵长类动物学家凯瑟琳·吉布森在 20 世纪 80 年代提出的一些观点进行改进：请见“Cognition，Brain Size and the Extraction of Embedded Food Resources，” in J. G. Else and P. C. Lee，eds.，*Primate Ontogeny, Cognition and Social Behaviour*，93–103（Cambridge，U.K.：Cambridge University Press，1986）。我还在其他地方讨论了相关观点，请见“Cephalopods and the Evolution of the Mind，” *Pacific Conservation Biology* 19，no. 1（2013）：4–9。

71 从花很多时间与其他章鱼相处这个角度来说，章鱼并不太社会化：我从迈克尔·特雷斯特曼和詹妮弗·马瑟那里了解到这点。

74 脊椎动物和头足纲动物各自独立演化出了“相机”眼：请见 Russell Fernald，“Evolution of Eyes，” *Current Opinion in Neurobiology* 10（2000）：444–50；以及 Nadine Randel and Gáspár Jékely，“Phototaxis and the Origin of Visual Eyes，” *Philosophical Transactions of the Royal Society* B 371（2016）：20150042。

74 通过奖惩训练和在可行或不可行中试错来学习：请见 Clint Perry，Andrew Barron，and Ken Cheng，“Invertebrate Learning and Cognition：Relating Phenomena to Neural Substrate，” *WIREs*

Cognitive Science 4，no. 5（2013）：561–82。

74 乌贼似乎有近似于快速眼动期睡眠的阶段：Marcos Frank，Robert Waldrop，Michelle Dumoulin，Sara Aton，and Jean Boal，“A Preliminary Analysis of Sleep-Like States in the Cuttlefish Sepia officinalis，” *PLoS One* 7，no. 6（2012）：e38125。

75 一个中心观点就是，我们应对周边环境时表现出的一些“聪明”的特性，其实源自我们的身体，而不是大脑：相关的经典讨论可见 Andy Clark，*Being There：Putting Brain, Body, and World Together Again*（Cambridge，MA：MIT Press，1997）。关于机器人的研究，请见 Rodney Brooks，“New Approaches to Robotics，” *Science* 253（1991）：1227–32。以及 Hillel Chiel and Randall Beeris “The Brain Has a Body：Adaptive Behavior Emerges from Interactions of Nervous System，Body and Environment，” *Trends in Neurosciences* 23，no. 12（1997）：553–57。有两篇有意思的论文都用到了“具身性”这个词，请见 Letizia Zullo and Binyamin Hochner，“A New Perspective on the Organization of an Invertebrate Brain，” *Communicative and Integrative Biology* 4，no. 1（2011）：26–29，以及 Hochner's “How Nervous Systems Evolve in Relation to Their Embodiment：What We Can Learn from Octopuses and Other Molluscs，” *Brain, Behavior and Evolution* 82，no. 1（2013）：19–30。

本章最后的内容受 2014 年澳洲哲学协会年会时一些会员讨论的启发，当时的讨论是在回应悉尼·迪亚蒙特（Sydney Diamante）的演讲《接触世界：章鱼与具身认知》（“Reaching Out to the World:

Octopuses and Embodied Cognition”)。意大利比萨的塞西莉娅·拉斯基(Cecilia Laschi)目前正在领头一项章鱼机器人的研究，重点研究腕，他们的网址是 www.octopus-project.eu/index.html.

75 这就要求动物的身体有一个形状：严格来说，你可以说章鱼的身体是拓扑形；虽然有些部位确实彼此相连，但是各部位之间的距离和角度都不固定。

76 把章鱼体内的神经系统看成一个整体来研究才能得到更多信息，而不是仅仅把它看作大脑：位于眼睛后方的枕叶有时并不被认为是大脑的“中央”部分，不过它对于章鱼的认知依旧很重要。

4 从白噪声到意识

78 很多年前，托马斯·内格尔在试图指出主观经验的神秘性时，用了“是怎样一种感觉”这个词组：请见他的论文“What Is It Like to Be a Bat？” *The Philosophical Review* 83，no. 4（1974）：435–50。

78 我没有宣称完全解决这些问题，但是试图把我们带到距离詹姆斯设定的目标更近的地方：延伸探索可见“Mind，Matter，and Metabolism,” *The Journal of Philosophy*，113（2016）:481−506 and in “Evolving Across the Explanatory Gap,” *Philosophy*，*Theory*，*and Practice in Biology*（*2019*）11:1。我想要尝试解决这个问题，这一部分启发自新理论的发展，另一部分来自对这个问题本身的重建。我在本书中并不是要重建这个问题。

78 主观经验……是我们需要解释的最基本现象：关于这一区分的更多细节讨论，请见我的论文“Animal Evolution and the Origins of

Experience," in *How Biology Shapes Philosophy: New Foundations for Naturalism*, edited by David Livingstone Smith (Cambridge University Press, 2016)。

79 它也不像泛心论者相信的那样存在于宇宙万物中：请见 Thomas Nagel, "Panpsychism," in *Mortal Questions* (Cambridge, U.K.: Cambridge University Press, 1979), 181–95；以及 Galen Strawson et al., *Consciousness and Its Place in Nature: Does Physicalism Entail Panpsychism?*, ed. Anthony Freeman (Exeter, U.K., and Charlottesville, VA: Imprint Academic, 2006)。

80 以给盲人设计的触觉替代视觉系统（TVSS）为例：Paul Bach-y-Rita, "The Relationship Between Motor Processes and Cognition in Tactile Vision Substitution," in *Cognition and Motor Processes*, ed. Wolfgang Prinz and Andries Sanders, 149–60 (Berlin: Springer Verlag, 1984)；还有 Bach-y-Rita and Stephen Kercel, "Sensory Substitution and the Human-Machine Interface," *Trends in Cognitive Sciences* 7, no. 12 (2003): 541–46。从更具批判性和技术性角度出发的研究，请见 Ophelia Deroy and Malika Auvray, "Reading the World through the Skin and Ears: A New Perspective on Sensory Substitution," *Frontiers in Psychology* 3 (2012): 457。

81 然而，他们的回应是全盘否定这种感官输入的重要性：我希望你会觉察出奇怪的地方，比如，他们怎么能这么做？有些哲学家过于强调对生物经验的解读，甚至把生物的感官"输入"视为生物自己构建的产物。另一种思路是把动物躯体的界限外移，这种以生物学为导向的哲学思路和本书关系更大。任何在感知和动作的来回交互中扮演重要角色的东西，都必须发生或存在于生物体内。这类观点请见 Evan Thompson，*Mind in Life*：*Biology*，*Phenomenology*，*and the Sciences of Mind*（Cambridge，MA：Belknap Press of Harvard University Press，2007）。这些观点通常是为了避免把生物看成是仅仅在被动接受外界信息，不过这样有点矫枉过正。

82 这种因果关系大体上如下图所示：Alva Noë，*Out of Our Heads*：*Why You Are Not Your Brain*，*and Other Lessons from the Biology of Consciousness*（New York：Hill and Wang，2010），and Thompson，*Mind in Life*。

83 一些鱼会发出电脉冲：请见 Ann Kennedy et al.，"A Temporal Basis for Predicting the Sensory Consequences of Motor Commands in an Electric Fish，" *Nature Neuroscience* 17（2014）：416–22。

83 就如瑞典神经科学家比约恩·默克尔指出的：请见他的论文 "The Liabilities of Mobility：A Selection Pressure for the Transition to Consciousness in Animal Evolution，" *Consciousness and Cognition* 14，no. 1（2005）：89–114。默克尔的论文对本章有很大的影响。

84 知觉和行为的互动也可在……看到：泰勒·伯奇在《客观性的起源》一书中强调了知觉恒常性对哲学问题的重要性。请见 Tyler Burge，*Origins of Objectivity*（Oxford and New York：Oxford University Press，2010）。

85 但当我们以鸽子为研究对象探索这个问题时：请见 Laura Jiménez

Ortega et al.，“Limits of Intraocular and Interocular Transfer in Pigeons,” *Behavioural Brain Research* 193，no. 1（2008）：69–78。

85 这些实验也在章鱼身上做过：请见 W. R. A. Muntz，“Interocular Transfer in Octopus：Bilaterality of the Engram,” *Journal of Comparative and Physiological Psychology* 54，no. 2（1961）：192–95。

85 像的里雅斯特大学的乔治·瓦罗提加拉这样的动物研究人员：请见 G. Vallortigara，L. Rogers，and A. Bisazza，“Possible Evolutionary Origins of Cognitive Brain Lateralization,” *Brain Research Reviews* 30，no. 2（1999）：164–75。

86 这些发现让我们联想到关于“裂脑”人的实验：请见 Roger Sperry，“Brain Bisection and Mechanisms of Consciousness,” in *Brain and Conscious Experience*，ed. John Eccles，298–313（Berlin：Springer Verlag，1964）; Thomas Nagel，“Brain Bisection and the Unity of Consciousness,” Synthese 22（1971）：396–413；以及 Tim Bayne，*The Unity of Consciousness*（Oxford and New York: Oxford University Press，2010）。

87 玛丽安·道金斯曾经做过一个实验：Marian Dawkins，“What Are Birds Looking at? Head Movements and Eye Use in Chickens,” *Animal Behaviour* 63，no. 5（2002）：991–98。

87 演化包括在不同的时间点醒来：还有第三种时间尺度，即个体的发展。请见 Alison Gopniks，*The Philosophical Baby: What Childrens Minds Tell Us About Truth，Love，and the Meaning of Life*（New

York: Farrar, Straus and Giroux, 2009)。

88 视觉科学家戴维·梅尔纳和梅尔文·古德尔全面研究过 DF 的案例：请见 *Sight Unseen: An Exploration of Conscious and Unconscious Vision*（Oxford and New York: Oxford University Press, 2005）。现在恰好可以提一下对我书中引用的一些研究的趣评，从如何判断“无意识”过程的角度出发。比如，这项研究是否太把意识的存在视为一种要么全有要么全无的东西？也许意识的存在只涉及程度的差异，如果是这样，我们收集到的研究数据和结果会不同。请见 Morten Overgaard et al., “Is Conscious Perception Gradual or Dichotomous? A Comparison of Report Methodologies During a Visual Task,” *Consciousness and Cognition* 15 (2006): 700–708。

89 20 世纪 60 年代，戴维·英格尔通过手术调整了一些青蛙的神经系统的结构：请见他的论文“Two Visual Systems in the Frog,” *Science* 181 (1973): 1053–55。关于米尔纳和古尔德的引用取自 *Sight Unseen*。

91 神经科学家斯塔尼斯拉斯·德阿纳也为类似的观点做过辩护：请见他的书 *Consciousness and the Brain: Deciphering How the Brain Codes Our Thoughts*（New York: Viking Penguin, 2014）。关于下一段中提到的眨眼研究，请见 Robert Clark et al., “Classical Conditioning, Awareness, and Brain Systems,” *Trends in Cognitive Sciences* 6, no. 12 (2002): 524–31。

92 巴尔斯认为，只有当信息被传播到脑中一个中心化的“工作空间”时，我们才会对这些信息有意识：请见 *Bernard Baars*, *A Cognitive*

Theory of Consciousness（Cambridge，U.K.：Cambridge University Press，1988）。

92 我在纽约城市大学的同事杰西·普林茨也支持这种观点：请见 *Jesse Prinz*，*The Conscious Brain: How Attention Engenders Experience*（Oxford and New York：Oxford University Press，2012）。

92 我称为主观经验研究中后来者的一些观点：请见我的论文“Animal Evolution and the Origins of Experience”。

97 不过他们一部分人认为，意识和主观经验没有太大区别：普林茨是这么认为的，但我不确定德阿纳的立场。

93 联想一下突然袭来的疼痛感：我在此处引用的是近期在鱼、鸟类和非脊椎动物身上进行的疼痛实验。其中主要的研究请见 T. Danbury et al.，“Self-Selection of the Analgesic Drug Carprofen by Lame Broiler Chickens，” *Veterinary Record* 146，no. 11（2000）：307–11；Lynne Sneddon，“Pain Perception in Fish：Evidence and Implications for the Use of Fish，” *Journal of Consciousness Studies* 18，nos. 9–10（2011）：209–29；C. H. Eisemann et al.，“Do Insects Feel Pain?—A Biological View，” *Experientia* 40，no. 2 (1984)：164–67；R. W. Elwood，“Evidence for Pain in Decapod Crustaceans，” *Animal Welfare* 21，suppl. 2（2012）：23–27。关于德里克·登顿“原始情绪”的研究，请见 D. Denton et al.，“The Role of Primordial Emotions in the Evolutionary Origin of Consciousness，” *Consciousness and Cognition* 18，no. 2（2009）：500–514。

96 这一章的标题借用了西蒙娜·金斯伯格和伊娃·雅布隆卡一篇论

文中的一个词组：这篇论文是“The Transition to Experiencing：I. Limited Learning and Limited Experiencing,” *Biological Theory* 2, no. 3（2007）：218–30。

97 也许就始于寒武纪这个出现了更丰富的生物–世界互动形式的时期：这里有很多选择。也许把这个阶段视为主观经验的起点是错误的，也许在这个时期，主观经验只是发生了程度和性质上的改变。我在另一篇论文中详细讨论了这一问题，请见“Mind, Matter, and Metabolism,” *The Journal of Philosophy*, 113（2016）：481–506。

98 那么主观经验至少有3个独立起源：在这里，我假设这种属于原口动物或后口动物的共同祖先是一种结构简单的生物，向简单的埃迪卡拉纪生活方式演化。正如上文中讨论的，一些人认为共同祖先是一种更复杂的动物，有加布里埃拉·沃尔夫和尼古拉斯·斯特奥斯菲尔德宣称的可以控制行为抉择的“执行脑”。请见他们的论文“Genealogical Correspondence of a Forebrain Centre Implies an Executive Brain in the Protostome-Deuterostome Bilaterian Ancestor,” *Philosophical Transactions of the Royal Society* B 371（2016）：20150055。他们的观点是基于现存脊椎动物与昆虫等节肢动物之间大脑的相似性发展起来的。有趣的是，他们认为头足纲动物演化出了一种真正全新的结构，甚至连人类和昆虫都可能是不断地精炼这样的结构，再由此演化而来的。他们写道：“大量证据表明，头足纲动物有极多行为受计算网络驱动，而计算网络在它们祖先的身体中并不存在。”从他们的观点来看，软体动物似乎放弃了它们继承到的“执行脑”，而头足纲动物又建造了一个新的。

98 现在让我们回到章鱼：有两篇关于这个问题的开创性研究，请见 Jennifer Mather，“Cephalopod Consciousness：Behavioural Evidence，” *Consciousness and Cognition* 17，no. 1（2008）：37–48，以及 Edelman，Baars，and Seth，“Identifying Hallmarks of Consciousness in Non-ammalian Species，” *Consciousness and Cognition* 14（2005）：169–87。

100 在 1956 年的一个实验中：请见 B. B. Boycott and J. Z. Young，“Reactions to Shape in Octopus vulgaris Lamarck，” *Proceedings of the Zoological Society of London* 126，no. 4（1956）：491–547。迈克尔·库巴也向我确认了这个令人惊讶的事实。据他所知，目前确实没有人接着这项实验开展后续研究。

101 很多年前，詹妮弗·马瑟细致地研究了这样的行为：请见她的论文“Navigation by Spatial Memory and Use of Visual Landmarks in Octopuses，” *Journal of Comparative Physiology A* 168，no. 4（1991）：491–97。

103 琼·艾鲁佩和她的同事在一篇合著的论文中：请见 Jean Alupay，Stavros Hadjisolomou，and Robyn Crook，“Arm Injury Produces Long-Term Behavioral and Neural Hypersensitivity in Octopus，” *Neuroscience Letters* 558（2013）：137–42，以及 Mather，“Do Cephalopods Have Pain and Suffering？” in *Animal Suffering：From Science to Law*，*eds. Thierry Auffret van der Kemp and Martine Lachance*（Toronto：

Carswell, 2013)。

我在上文中引用的艾鲁佩和她同事共同完成的研究还发现，移除章鱼大脑中央被认为"最聪明"的部分（垂叶和额叶）后，章鱼照顾和处理伤口的行为并没有受到影响。所以，正如研究人员所述，要么处理伤口的行为并不是我们一般认为的疼痛指标，要么章鱼身上表征疼痛相关的部位在它们神经系统之外。我猜想是后者，不过没人知道真相。

104 以人类为例：我在耶路撒冷拜访本尼·霍赫纳的实验室时，劳拉·富兰克林霍尔在一次讨论中针对这一点提出了很多有趣的建议，对此我很感激。

105 我们通常无法注意到这些关系，但它们的确存在：M. A. Goodale, D. Pelisson, and C. Prablanc, "Large Adjustments in Visually Guided Reaching Do Not Depend on Vision of the Hand or Perception of Target Displacement," *Nature* 320 (1986): 748–50。

106 正如希勒尔·奇尔和兰达尔·比尔对比了一新一旧两种对动作运作的解释：请见 Chiel and Beer, "The Brain Has a Body: Adaptive Behavior Emerges from Interactions of Nervous System, Body and Environment," *Trends in Neurosciences* 23 (1997): 553–57。

5 制造颜色

109 亚历山德拉·施内尔是为数不多在实验室中仔细研究巨型乌贼的人：请见 Alexandra Schnell, Carolynn Smith, Roger Hanlon, and Robert Harcourt, "Giant Australian Cuttlefish Use Mutual Assessment

to Resolve Male-Male Contests," *Animal Behavior* 107（2015）：31–40。

110 下面就是它的变色原理：汉隆和梅辛杰在《头足纲动物的行为》（*Cephalopod Behavior*）一书中对此有很详细的描述。汉隆在伍兹霍尔海洋生物实验室所发表的很多论文的后续研究可以在这里找到：www.mbl.edu /bell/current-faculty/hanlon。关于色素体的研究，请见 Leila Deravi et al.，"The Structure-Function Relationships of a Natural Nanoscale Photonic Device in Cuttlefish Chromatophores," *Journal of the Royal Society Interface* 11，no. 93 (2014)：201130942。我对皮肤层的概述，基本参考的是这篇论文中描述的头足纲动物外形。并不是所有头足纲动物都有完整的三层显示机制。

119 这个看似不可能的结论：请见 Hanlon and Messenger 的 *Cephalopod Behaviour*，Box 2.1，p. 19。

121 第一条线索出现于 2010 年：Lydia Mäthger，Steven Roberts，and Roger Hanlon，"Evidence for Distributed Light Sensing in the Skin of Cuttlefish，Sepia officinalis," *Biology Letters* 6，no. 5（2010）：20100223。

121 首先，如果这些感光分子是在眼睛以外的部位发现的，那么它们发挥的功能也许和视觉无关：这篇论文能确立的结论仅仅是，这些感光分子的基因在皮肤上是被激活的状态。

121 这篇和托德·奥克利合著的论文中首先指出：M. Desmond Ramirez and Todd Oakley，"Eye-Independent，Light-Activated Chromatophore Expansion（LACE）and Expression of Phototransduction Genes in the

Skin of Octopus bimaculoides," *Journal of Experimental Biology* 218（2015）：1513–20。

123 另一种可能性是卢·约斯特建议给我的：可以在我的头足纲动物网站上读到，http://giantcuttle sh.com/?p=2274

123 不同颜色的色素体扩张和收缩时：通过使用这种机制，如果红色色素体的扩张对射入光线的影响要小于黄色色素体扩张带来的影响，那么进入体内的光就更发红。

125 然而，它还是逃脱了：头足纲动物的墨汁中不仅仅有深色的色素，还可能含有对捕食者神经系统产生不同影响的化合物。请见 *Nixon and Young*，*The Brains and Lives of Cephalopods*（New York：Oxford University Press，2003），288。

125 头足纲动物变化颜色的最初作用：关于变色和传送信号之间的关系，请见 Jennifer Mather，"Cephalopod Skin Displays：From Concealment to Communication," in *Evolution of Communication Systems：A Comparative Approach*，ed. D. Kimbrough Oller and Ulrike Griebel，193–214（Cambridge，MA：MIT Press，2004）。

126 这种现象尤为显著：请见 Karina Hall and Roger Hanlon，"Principal Features of the Mating System of a Large Spawning Aggregation of the Giant Australian Cuttlefish *Sepia apama*（Mollusca：Cephalopoda），" *Marine Biology* 140，no. 3（2002）：533–45。有些体形不够交配的雄性乌贼会试图冒充雌性乌贼，这样就可以躲过守在雌性乌贼身旁警觉的雄性乌贼，从而再靠近雌性乌贼。这招常常奏效。

129 另一种可能的解释和上文提到的对颜色感受的推测有关：这个建议由简·谢尔登（Jane Sheldon）提出。

129 非洲博茨瓦纳奥卡万戈三角洲的野生狒狒：请见 Dorothy Cheney and Robert Seyfarth，*Baboon Metaphysics: The Evolution of a Social Mind*（Chicago：University of Chicago Press，2007）。以及我的论文“Primates，Cephalopods，and the Evolution of Communication”。狒狒也有一系列交流手势和叫声。还有一篇论文也讨论了头足纲动物展示出的异常的发送–接收关系，请见 Jennifer Mather，“Cephalopod Skin Displays：From Concealment to Communication”。

132 大量记录过加勒比海礁枪乌贼的信号制作过程：关于这项有趣的研究，请见 Martin Moynihan and Arcadio Rodaniche，“The Behavior and Natural History of the Caribbean Reef Squid（*Sepioteuthis sepioidea*）。With a Consideration of Social，Signal and Defensive Patterns for Difficult and Dangerous Environments，” *Advances in Ethology* 25（1982）：1–151。作者之一阿尔卡迪奥·罗丹尼奇（Arcadio Rodaniche）在本书完成之际离世了。我很感谢丹尼丝·罗丹尼奇（Denice Rodaniche）帮助我梳理了莫伊尼汉和罗丹尼奇研究工作的历史。

133 在头足纲动物中，这些枪乌贼是最有社会性的：暂时大规模聚集在澳大利亚怀阿拉的巨型乌贼另当别论，它们的目的是繁殖。洪堡枪乌贼就大批聚集在一起生活。目前还很少有对这群枪乌贼的研究，部分原因是它们体形巨大而且具有攻击性。它们也许是头足纲动物中已知的最具攻击性的种类。朱利安·费恩（Julian Finn）近期观察发现，鹦鹉螺也大批群聚在一起生活。

6 我们的心灵与他者的心灵

139 在所有哲学领域最著名的篇章中：这段选自大卫·休谟的《人性论》第1卷中第4节的第5部分“论人格同一性”。《人性论》第一版于1739年面世。

140 也许休谟的内部言语比较微弱：克里斯托弗·西维（Christopher Heavey）和罗素·赫尔伯特（Russell Hurlburt）在以一群大学生为样本的实验中发现，内部言语占了受试者清醒有意识时的26%。他们还发现受试者之间存在很多差异。请见Christopher Heavey and Russell Hurlburt, “The Phenomena of Inner Experience,” *Consciousness and Cognition* 17, no. 3（2008）: 798–810。

141 在休谟逝世近两百年后，不同意休谟世界观的美国哲学家约翰·杜威：杜威在其著作《经验与自然》的第5章中写下了对此的评论。请见*Experience and Nature*（Chicago: Open Court Publishing, 1925）。

141 列夫·维果茨基在现在的白俄罗斯成长：维果茨基的著作《思想与语言》在他逝世的同年（1934年）出版。此书的英文版初版于1962年由麻省理工学院出版社出版，由西尤金妮娅·汉夫曼（Eugenia Hanfmann）和格特鲁德·瓦卡尔（Gertrude Vakar）翻译。1986年，亚历克斯·科祖林（Alex Kozulin）担任编辑，对初版进行修订和补充，书中还保留了维果茨基的原文。

142 例如迈克尔·托马赛洛在内的一些重要学者：我在文中提到的迈

克尔·托马赛洛的著作就是《人类认知的文化起源》，请见 *The Cultural Origins of Human Cognition*（Cambridge，MA：Harvard University Press，1999）。安迪·克拉克的突破性著作《在那里：将大脑、身体与世界结合在一起》中也受了很多维果茨基的启发，请见 *Being There：Putting Brain，Body，and World Together Again*（Cambridge：MIT Press，1997）。

144 剑桥大学的妮古拉·克莱顿和她的同事：请见 Joanna Dally，Nathan Emery，and Nicola Clayton，"Food-Caching Western Scrub-Jays Keep Track of Who Was Watching When，" *Science* 312（2006）：1662–65；还可见 Clayton and Anthony Dickinson，"Episodic-like Memory During Cache Recovery by Scrub Jays，" *Nature* 395（2001）：272–74。

144 科勒是德国的心理学家：请见 *The Mentality of Apes*，trans. Ella Winter（New York：Harcourt Brace，1925）。

145 他用了一个名叫约翰的法裔加拿大神父的例子，非常值得研究：请见 Merlin Donald，*Origins of the Modern Mind: Three Stages in the Evolution of Culture and Cognition*（Cambridge，MA：Harvard University Press，1991），这是一本至今读来仍很有趣的书，虽然很古老了。相关文献请见 André Roch Lecours and Yves Joanette，"Linguistic and Other Psychological Aspects of Paroxysmal Aphasia，" *Brain and Language* 10，no. 1（1980）：1–23。我在文中描述修道士约翰时用的是过去式，我无法确定他现在是否还在人世。

145 两边的极端观点都越来越站不住脚：Peter Carruthers，“The Cognitive Functions of Language,” *Behavioral and Brain Sciences* 25，no. 6（2002）：657–74。这是一项做得不错的调查，后面还有别的学者发表其他观点的评论。

146 哈佛大学的苏珊·凯里近期在实验室开展了一项幼儿研究：请见 Shilpa Mody & Susan Carey，“The Emergence of Reasoning by the Disjunctive Syllogism in Early Childhood,” *Cognition*，154，40–48。她们发现，布置了需要运用假言推理原则的任务后，小于 3 岁的幼儿无法成功完成任务，但是 3 岁的可以。她们还发现（引用自其他研究），虽然幼儿从 2 岁就开始使用“和”，但直到 3 岁才会使用“或”。莫迪和凯里对于应该如何解读这一发现持谨慎态度，并且不认为这个结果证明了幼儿成功完成任务的原因在于内化了这部分公共语言。

另一个朝着类似方向进行的知名实验，由琳达·赫莫（Linda Hermer）和伊丽莎白·斯贝尔克（Elizabeth Spelke）主导。请见 Linda Hermer and Elizabeth Spelke：“A Geometric Process for Spatial Reorientation in Young Children,” *Nature* 370（1994）：57–59。后续相关讨论请见 Spelke 的“What Makes Us Smart：Core Knowledge and Natural Language,” in Dedre Gentner and Susan Goldin-Meadow’s collection，*Language in Mind：Advances in the Investigation of Language and Thought*（Cambridge，MA：MIT Press，2003）。这项研究表明，只有人类——这种使用语言的动物在房间内探索时才能把不同信息整合在一起（比如几何和颜色线索），老鼠和还不会

说话的幼儿都做不到。不过，最近的研究动摇了以上这些研究的重要性。就人类而言，请见 Kristin Ratliff and Nora Newcombe，“Is Language Necessary for Human Spatial Reorientation? Reconsidering Evidence from Dual Task Paradigms,” *Cognitive Psychology* 56（2008）：142–63。也有研究指出，鸡也能做到，请见 Vallortigara et al.，“Reorientation by Geometric and Landmark Information in Environments of Different Size,” *Developmental Science* 8（2005）：393–401。

146 我会在下文中概述一个看似合理的模型，是借鉴了不少学者的研究后建立起来的：关于这个观点构架非常重要的参考，请见 Daniel Dennett's *Consciousness Explained*（New York：Little，Brown and Co.，1991）。关于内部言语起源于改变意图的感知副本，请见 Simon Jones and Charles Fernyhough，“Thought as Action: Inner Speech，Self Monitoring，and Auditory Verbal Hallucinations,” *Consciousness and Cognition* 16，no. 2（2007）：391–99。还有学者提出，内部言语是一种辅助形成特定理性思维的内在“广播”，请见 Peter Carruthers，“An Architecture for Dual Reasoning,” in Jonathan Evans and Keith Frankish，eds.，*In Two Minds*：*Dual Processes and Beyond*（Oxford and New York：Oxford University Press，2009）。还可见 Fernyhough，*The Voices Within*，Basic Books，2016。我关于内部言语的思考还受到一篇博士论文的影响，请见 Kritika Yegnashankaran 的论文，“Reasoning as Action,” Harvard University，2010。

146 我现在把我们熟悉的事实和脑科学中一个越来越重要的概念结合

在一起：我很快会就这个概念的框架进行更多阐述。很好的参考请见“The Liabilities of Mobility：A Selection Pressure for the Transition to Consciousness in Animal Evolution,” *Consciousness and Cognition* 14（2005）：89–114；以及 Kalina Christoff et al.，“Specifying the Self for Cognitive Neuroscience,” *Trends in Cognitive Sciences* 15，no. 3（2011）：104–12。

147 我已经介绍了感知副本这一概念，只是没有用到这个术语：我也讨论过知觉恒常性这一依赖感知副本解释的现象。比如，我们的眼皮跳动时（经常会发生），看到的物体好像并没有发生什么变化。这就是一种“恒常性”现象；其他恒常性现象还包括在光线发生变化时进行矫正的能力，这种恒常性并不涉及行动和感知副本。感知副本对知觉恒常性的作用目前仍在研究中。请见 W. Pieter Medendorp，“Spatial Constancy Mechanisms in Motor Control,” *Philosophical Transactions of the Royal Society* B 366（2011）：20100089。

149 根据丹尼尔·卡内曼和其他心理学家使用的术语：丹尼尔·卡内曼的《思考，快与慢》一书已经成为经典。*Thinking, Fast and Slow*（New York：Farrar，Straus and Giroux，2011）。还可以参见 Evans and Frankish's edited collection of papers，*In Two Minds*：*Dual Processes and Beyond*。杜威很强调人在想象中预演行动，尤其是在他关于道德行为的理论中。

149 向詹姆斯·乔伊斯混乱的意识流独白致敬：请见丹内特的《解释意识》。丹内特并没有在自己的模型中用到感知副本的概念。他把乔伊斯机器的起源与理查德·道金斯的文化基因传播理念联系起来。我很质疑文化基因的合理性（可见 Dawkins，*The Selfish Gene*，Oxford and New York：Oxford University Press，1976）。

150 在 2001 年的一个实验中：Harald Merckelbach and Vincent van de Ven，"Another White Christmas：Fantasy Proneness and Reports of 'Hallucinatory Experiences' in Undergraduate Students，" *Journal of Behavior Therapy and Experimental Psychiatry* 32，no. 3（2001）：137–44。

150 在他们于 20 世纪 70 年代完成的具有里程碑意义的研究中，英国心理学家阿兰·巴德利和格雷厄姆·希契：请见 Alan Baddeley and Graham Hitch，"Working Memory，" in *The Psychology of Learning and Motivation*，Vol，VIII，ed. Gordon H. Bower，47–89（Cambridge，MA：Academic Press，1974）。

152 第二代工作空间理论：请见 Stanislas Dehaene and Lionel Naccache，"Towards a Cognitive Neuroscience of Consciousness：Basic Evidence and a Workspace Framework，" *Cognition* 79（2001）：1–37。

154 长期以来，大家一直认为高阶思想似乎和意识存在着某种联系：尤其可以参考 David Rosenthal，比如"Thinking That One Thinks，" in Martin Davies and Glyn Humphreys，eds.，*Consciousness：Psychological and Philosophical Essays*，197–223（Oxford：Blackwell Publishing，1993）。

155 没有人知道人类的语言存在了多久：W. Tecumseh Fitch，*The Evolution of Language*（Cambridge，U.K.：Cambridge University Press，

2010）。

156 1950年，德国心理学家埃里克·冯·霍尔斯特和霍斯特·米特斯塔介绍了一种框架，用来讨论这些关系：从某方面来说，我从冯·霍斯特和米特斯塔这里借用的术语并不是最佳术语。生物体内用来处理感知的信号不一定是送往肌肉的输出信号的副本（这里指任何正常意义上的副本）。感知副本这个术语有时候也表达为附带释放（corollary discharges）；"释放"这个词比"副本"更中性。崔尼蒂·克拉普斯（Trinity Crapse）和马克·萨摩（Marc Sommer）于在《自然》上发表的论文中认为，感知副本应当被视为附带释放中的一种。请见 Trinity Crapse and Marc Sommer, in "Corollary Discharge Across the Animal Kingdom," *Nature Reviews Neuroscience* 9（2008）：587–600。这也许是处理这些概念关系很好的方法。不过，我在本书中想借用冯·霍斯特和米特斯塔引入的对不同概念的区分：比如区分传入和感知、自传入和外传入，等等。"副本"这个词在这个框架内已经成为一种区分概念的标准，所以我继续使用了这个术语。

感知副本等现象最初是视觉研究中的研究对象，主要是为了通过矫正自传入而解决知觉模糊的问题；提到这个现象的视觉理论可以追溯到17世纪。对这一段历史的梳理，可见 Otto-Joachim Grüsser, "Early Concepts on Efference Copy and Reafference," *Behavioral and Brain Sciences* 17，no. 2（1994）：262–65。

158 但是这类记忆确实是一种交流现象：请见我的论文"Sender-Receiver Systems Within and Between Organisms," *Philosophy of*

Science 81（2014）：866–78。

7 被压缩的经验感受

164 为什么所有的生命都不能活得更久呢：关于衰老的经典研究可参见 Peter Medawar，An Unsolved Problem of Biology（London：H. K. Lewis and Company，1952）; George Williams，"Pleiotropy，Natural Selection，and the Evolution of Senescence，" *Evolution* 11，no. 4（1957）：398–411；还有 William Hamilton，"The Moulding of Senescence by Natural Selection，" *Journal of Theoretical Biology* 12，no. 1（1966）：12–45。关于衰老的演化理论也一直在发展，可以参考这篇很不错的评论：Michael Rose et al.，"Evolution of Ageing since Darwin，" *Journal of Genetics* 87（2008）：363–71。我在文中没有详加讨论的是一次性体细胞理论（disposable soma theory）。我认为这是威廉姆斯理论的变体，相关讨论可见 Thomas Kirkwood in "Understanding the Odd Science of Aging，" *Cell* 120，no. 4（2005）：437–47。

172 汉密尔顿于 2000 年去世，他在去非洲研究艾滋病病毒起源的路上感染了疟疾：引用自 "My Intended Burial and Why，" *Ethology Ecology and Evolution* 12，no. 2（2000）：111–22。更多关于汉密尔顿的思想，请见 *Narrow Roads of Gene Land: The Collected Papers of W. D. Hamilton*，Volume 1：*Evolution of Social Behaviour*（Oxford and New York：W. H. Freeman/Spektrum，1996）。这段话引自汉密尔顿的《我想要的葬礼以及我为什么要这样》。最终，汉密尔顿下

葬在牛津附近，在他墓碑附近的长椅上刻着他伴侣留下的铭文：最终，他会被一滴雨滴带到亚马孙雨林。

172 以上提到的衰老演化理论为我们提供了一种解释：这个理论并没有具体解释年龄引起的衰退是如何发生的，不过正如威廉姆斯指出的，这个理论预测，随着年龄增长，很多不同的问题会慢慢出现。生物学家仍然在哺乳动物或者种类更广泛的生物身上研究这种衰退的普遍机制。有人猜想，如果所有生物的衰退都受到同一种普遍存在的因素的影响，那么本书中描述的关于衰老的演化理论就会被撼动。有时候并不那么容易厘清哪些理论彼此相容或不相容。关于相关机制的最新研究，请见 Darren Baker et al.，“Naturally Occurring p16^{Ink4a} Positive Cells Shorten Healthy Lifespan，” *Nature* 530（2016）：184–89。

173 雌性章鱼是一次繁殖中的一个极端例子：Jennifer Mather，“Behaviour Development：A Cephalopod Perspective，” *International Journal of Comparative Psychology* 19，no. 1（2006）：98–115。这篇论文中并没有明确说这种章鱼是“多次生殖”的，一些早期研究给出过这样的描述：“把 LPSO（即他们研究的章鱼）的生殖行为描述为在一个延长了的单一排卵期内‘持续排卵’更合适，而不是有多次分离的排卵期的‘多次生殖’。”

173 其中至少有一个例外：请见 Roy Caldwell，Richard Ross，Arcadio Rodaniche，and Christine Huffard，“Behavior and Body Patterns of the Larger Pacific Striped Octopus，” *PLoS One* 10，no. 8（2015）：e0134152。

175 后来外壳被淘汰了：请见Kröger，Vinther，and Fuchs，“Cephalopod Origin and Evolution：A Congruent Picture Emerging from Fossils，Development and Molecules，” *BioEssays* 33（2011）：602–13。

176 2007 年，他们在加州中部沿海勘测位于水下 1.6 千米的裸露岩层时：请见 Bruce Robison，Brad Seibel，and Jeffrey Drazen，“Deep-Sea Octopus (*Graneledone boreopacifica*) Conducts the Longest-Known Egg-Brooding Period of Any Animal，” *PLoS One* 9，no. 7（2014）：e103437。

178 最终，演化以不同的方式调整了这种章鱼的寿命：在短命的头足纲动物中，另一个例外可能是吸血鬼枪乌贼。虽然它的名字听上去很骇人，但这种枪乌贼本身并不令人害怕。我们目前对这种生物还了解得非常有限，所以荷兰科学家亨克–扬·霍温（Henk-Jan Hoving）和他的合作者开始研究那些在落灰的标本瓶中封存了好多年的老标本，希望能找到一些线索。他们找到的证据表明，不同于其他头足纲动物，雌性吸血鬼枪乌贼会经历多次繁殖期，间隔时间都较长。他们认为，雌性吸血鬼枪乌贼一生中可能会经历 20 次繁殖期。如果的确如此，那么雌性吸血鬼枪乌贼一定非常长寿。吸血鬼枪乌贼也是深海动物，深海中的海水冰冷刺骨，它们的新陈代谢率也会相应降低。我们目前还没有掌握任何关于它们被捕食风险的直接证据。Henk-Jan Hoving，Vladimir Laptikhovsky，and Bruce Robison，“Vampire Squid Reproductive Strategy Is Unique among Coleoid Cephalopods，” *Current Biology* 25，no. 8（2015）：R322–23。

178 把这些线索汇集在一起：从某方面来说，我在本章对头足纲动物老化的探讨并不正统。我确实运用了主流观点（比如梅达沃和威廉姆斯等人的观点），但一段时间以来，章鱼的种种表现都被认为给这些观点带来了挑战。这是因为在很多人看来，章鱼被“提前设定”在某个阶段死亡。它们的衰退看上去似乎是循序发生、被“计划”好的。“提前设定”和“计划”这些词经常被用来讨论章鱼的死亡。如果列出一张清单来罗列梅达沃-威廉姆斯理论可能遇到的挑战，章鱼通常都是重要的反例。梅达沃-威廉姆斯理论并不认为与年龄相关的衰退是“设定好的”，但章鱼的例子给人这种印象。

杰尔姆·沃定斯基（Jerome Wodinsky）于 1977 年开展的一项针对章鱼老化的生理基础研究，就支持以上观点。请见 Jerome Wodinsky，“Hormonal Inhibition of Feeding and Death in Octopus：Control by Optic Gland Secretion，” *Science* 198（1977）：948–51。这项研究指出，*Octopus hummelincki* 这种章鱼的死亡是“视觉腺”中的一些分泌物引起的。如果切除这些腺体，章鱼不论雌雄都可以活更久，而且它们的行为活动也会发生改变。对此，沃定斯基的理解是，“这种章鱼显然有一套特定的自我毁灭系统”。它们为什么会有这样的机制？沃定斯基在注脚中提供了一种猜想：“雌雄章鱼体内的这种机制，能够确保清除掉种群中的大型年老捕食个体，能非常有效地控制种群中的个体数量。”

如果这个关于数量控制的猜想旨在解释为什么存在这种引起死亡的机制，那么就显然与我在本章前面提到的演化的一般原则矛盾了。假设存在一种能活更久，而且有更多交配机会的突变体，它们并不会因为自己对种群有害而停止增长，甚至可能变得更普遍。“数量控制”很难不被搭便车的突变破坏。

贾斯汀·韦费尔（Justin Werfel）、唐纳德·英贝里（Donald Ingber）和亚尼尔·巴亚米（Yaneer Bar Yam）在他们合著的一篇建模论文中表示，这种“程序性”死亡（通常与章鱼一起被提及）很可能是演化出来的。请见 Justin Werfel，Donald Ingber，and Yaneer Bar Yam，“Programmed Death Is Favored by Natural Selection in Spatial Systems，” *Physical Review Letters* 114（2015）：238103。他们在论文中使用的模型，把繁殖和死亡都处理为局部事件：比如，后代总是会在父母附近定居、成长。这种局部设定会导致家庭内部竞争（你的子辈甚至孙辈会彼此争夺同一处资源）。20 世纪 80 年代的很多模型都显示，这种局部设定能导致特殊的演化后果。然而问题在于，章鱼并不是这样繁殖的。一颗章鱼卵孵化后，章鱼幼体会加入浮游生物大军开始漂移。如果能存活下来，章鱼幼体便会在海底某处定居。请见 Godfrey-Smith and Kerr，“Selection in Ephemeral Networks，” *American Naturalist* 174，no. 6（2009）：906–11。从目前已知的信息判断，年幼的章鱼无法在母亲附近定居。但如果它们能找到方法（比如通过对化学物质的追踪），那将触发很多有趣的后果，这其中就包括合作的可能性和繁殖“限制”。

我认为，章鱼的死亡很可能没有看上去那样“程序性”，而是能够用梅达沃-威廉姆斯理论解释的某种极端表现。沃定斯基的论文提供了一些线索：切除视觉腺后会引起很多行为变化以及延缓衰老（沃定斯基的原文："雌性乌贼的视觉腺在它们产卵后被切除。视觉腺被切除后，这些雌性乌贼不再继续孵卵，而是开始继续进食，它们的体重因此增长，并继续活了很久。"）。衰老可能并不是乌贼体内的这些腺体导致的，而是乌贼的行为和生理特征导致的副影响。

从某一方面看，头足纲动物能够力证衰老演化理论：它们承受很大的捕食风险，寿命也如此短暂。然而在另一方面，它们又像是一个糟糕的例子。它们的衰退看上去发展得过于循序渐进，也过于"程序性"。也许我讲述的这个故事中缺少了什么环节，尤其是没有提到令人极其匪夷所思的、不用产卵也会突然衰退的雄性章鱼。这个现象很难用"数量控制"理论来解释，但我认为梅达沃-威廉姆斯理论能够解释这个现象。

8 章鱼城邦

183 这些天来，我主要在这个地方观察章鱼：最初关于这个地方不同寻常之处的介绍，请见 Godfrey-Smith and Lawrence，"Long-Term High-Density Occupation of a Site by Octopus tetricus and Possible Site Modification Due to Foraging Behavior，" *Marine and Freshwater Behaviour and Physiology* 45（2012）：1–8。这个地方还在变化，可以通过以下网站看到近况：Metozoan.net。

183 以前时不时地出现过关于章鱼聚集在一起的报告：我们在一篇论文中加入了一张对章鱼群和它们的社交行为进行分类的表格。详情请见这篇论文中的表格 1：Godfrey-Smith，and Lawrence，“Signal Use by Octopuses in Agonistic Interactions，” *Current Biology* 26，no. 3（2016）：377–82。

185 就我们目前看到的影像来说，不论我们是否在它们周围，它们的行为都差不多：对此我们并不能百分之百确定，因为摄像机本身就是章鱼生境中一个暂时的添加物。我们把摄像机架在三脚架上，经常放在靠近章鱼的地方。有时候，有些章鱼会攻击我们的摄像机。我们觉得，大部分时候，摄像机在周围没有潜水员时录下的情况，与潜水员在旁边时并没有太大区别。况且，大部分时候摄像机并不是章鱼关注的焦点。但我们很难对此有百分之百的把握。

186 戴维在非洲接受过研究狮子的训练：请见 Scheel and Packer，“Group Hunting Behavior of Lions：A Search for Cooperation，” *Animal Behaviour* 41，no. 4（1991）：697–709。

188 我们远程操控的摄像机有时候会记录下在我看来孤零零地静坐着的章鱼：对此我并无把握，毕竟也许在摄像机镜头范围外或者镜头后面还有一只章鱼。或者，摄像机会导致它们表现出其中一些行为。

188 有时候它会把自己的外套膜，也就是整个身体的后半部分，如下图所示地举过自己的头顶：背景中的物体是我们架在三脚架上的摄像机。这个三脚架是我们最近才开始使用的高三脚架，其他三脚架都偏矮，没有那么明显。

189 他注意到，能够根据章鱼皮肤颜色的深浅程度可靠地预测出章鱼的攻击性强度：请见 Scheel，Godfrey-Smith，and Lawrence，

"Signal Use by Octopuses in Agonistic Interactions"。

190 我委托一位艺术家：这张图由伊莉莎·朱伊特（Eliza Jewett）绘成。我们在另一篇论文中也用过这张图，请见 Scheel，Godfrey-Smith，and Lawrence，"Signal Use by Octopuses in Agonistic Interactions"。

191 1982 年，马丁·莫伊尼汉和阿尔卡迪奥·罗丹尼奇报告说：请见 "The Behavior and Natural History of the Caribbean Reef Squid（Sepioteuthis sepioidea）。With a Consideration of Social, Signal and Defensive Patterns for Difficult and Dangerous Environments，" *Advances in Ethology* 25（1982）：1–151。

192 考德威尔、罗斯和他们同事合著的论文：Caldwell et al.，"Behavior and Body Patterns of the Larger Pacific Striped Octopus，" *PLoS One* 10（2015）：e0134152。

195 第二篇关于这片区域的论文：请见 Scheel，Godfrey-Smith，and Lawrence，"*Octopus tetricus*（Mollusca：Cephalopoda）as an Ecosystem Engineer，" *Scientia Marina* 78，no. 4（2014）：521–28。

196 2011 年，一份关于章鱼城邦中章鱼近亲的研究：请见 Elena Tricarico et al.，"I Know My Neighbour: Individual Recognition in *Octopus vulgaris*，" *PLoS One* 6，no. 4（2011）：e18710。

196 1992 年一项更有争议的研究：请见 Graziano Fiorito and Pietro Scotto，"Observational Learning in *Octopus vulgaris*，" *Science* 256（1992）：545–47。

199 鸟类和人类的共同祖先：请见 Dawkins，*The Ancestor's Tale*（New

York：Houghton Mifflin，2004）。

200 在写于1972年的那篇著名论文中，安德鲁·帕卡德认为：请见“Cephalopods and Fish：The Limits of Convergence，” *Biological Reviews* 47，no. 2（1972）：241–307。还有 Frank Grasso and Jennifer Basil，“The Evolution of Flexible Behavioral Repertoires in Cephalopod Molluscs，” *Brain, Behavior and Evolution* 74，no. 3（2009）：231–45。

201 新观点认为：请见 Kröger，Vinther，and Fuchs，“Cephalopod Origin and Evolution：A Congruent Picture Emerging from Fossils，Development and Molecules，” *Bioessays* 33（2011）：602–13。现在还不确定吸血鬼枪乌贼的位置。

201 头足纲动物和鱼类也许还在竞争：自帕卡德之后，学界不仅改变了对头足纲动物起源时间点的认知，连鱼的起源时间也改了。现在研究人员更倾向于认为，那群被他视为头足纲动物竞争者的鱼，在更早期就已经演化出现，可能是在二叠纪。根据最新的确认结果，二叠纪是蛸亚纲动物共同祖先所处的时代。

201 2015年，科学家对章鱼进行了第一次基因组测序：Caroline Albertin et al.，“The Octopus Genome and the Evolution of Cephalopod Neural and Morphological Novelties，” *Nature* 524（2015）220–24。

202 克里斯泰勒·乔塞–阿尔维斯和她的团队近期在法国诺曼底研究了一种乌贼的记忆：请见 Christelle Jozet-Alves，Marion Bertin，and Nicola Clayton，“Evidence of Episodic-like Memory in Cuttlefish，” *Current Biology* 23，no. 23（2013）：R1033–35。他们参

照的鸟类学研究请见 Clayton and Dickinson，“Episodic-like Memory During Cache Recovery by Scrub Jays,” *Nature* 395（2001）：272–74。

206 不过，这里一个范围较小的海湾在 2002 年被划为海洋保护区：这处保护区位于悉尼北部的甘蓝树湾。

206 截止到 19 世纪中期，（西欧）北海的渔民开始担忧：可以参考 Charles Clover，*The End of the Line：How Over-fishing Is Changing the World and What We Eat*（New York：New Press，2006）。另一本书也提供了令人震惊的真相，请见 Alanna Mitchell，*Sea Sick: The Global Ocean in Crisis*（Toronto：McClelland and Stewart，2009）。还有一篇同样很好，但更简短（也同样令人震惊）的文章，请见 Elizabeth Kolbert，“The Scales Fall,” *The New Yorker*，August 2，2010。赫胥黎是在 1883 年伦敦的渔业博览会上发表演讲的。克罗弗说：“在另一次议会质询上，状况不佳的赫胥黎推翻了十年内得出的那些结论。”

207 短短几十年之后，很多相关的渔业都开始面临严重的困境：就鳕鱼而言，在赫胥黎 1883 年发表演讲时，鳕鱼业显然已经开始衰退。后来衰退加速，但是在第一次世界大战期间衰退暂缓。第一次世界大战之后，鳕鱼业产量一直在波动，但总体一直在下降。到了 1992 年，加拿大的鳕鱼业彻底崩盘。2015 年的数据显示，鳕鱼的生长情况已经有所好转，多亏了渔业减产。（请见“Cod Make a Comeback...,” *New Scientist*，July 8，2015）

207 海水酸化就是一个例子：我没有找到很多关于头足纲动物和海洋酸化的文章，一些令人担忧的数据可以参见 H. O. Pörtner et al.,

"Effects of Ocean Acidification on Nektonic Organisms," *Ocean Acidification*, edited by J.-P. Gattuso and L. Hansson (Oxford: Oxford University Press, 2011)。凯瑟琳·哈蒙·卡里奇(Katherine Harmon Courage)引用过罗杰·汉隆的话，虽然头足纲动物可以在很多种"肮脏"的水中生存，但是它们对酸性条件很敏感，因为它们体内特殊的血液化学环境，酸性条件会对它们产生一系列致命影响。请见 Katherine Harmon Courage, *Octopus! The Most Mysterious Creature in the Sea* (New York: Current/Penguin, 2013), 70 and 213。

208 当我询问巴伦时：请见 Andrew Barron, "Death of the Bee Hive: Understanding the Failure of an Insect Society," *Current Opinion in Insect Science* 10 (2015): 45–50。

209 很多海域都有"死区"：请见 Alanna Mitchell's Sea Sick: The Global Ocean in Crisis, and, for a summary, "What Causes Ocean 'Dead Zones'?," *Scientific American*, September 25, 2102, www.scientificamerican.com/article/ocean-dead-zones. 根据米切尔书中的数据，自 1960 年以来，这样的"死区"数量每十年会翻倍。

致 谢

我要感谢很多帮助我完成本书的科学家，包括各位海洋生物学家、演化理论家、神经科学家和古生物学家。我首先要感谢克里西·赫法德（Crissy Huffard）和卡琳娜·霍尔（Karina Hall），她们协助并鼓励我尽快了解头足纲动物。为我提供了重要贡献的生物学家还包括吉姆·格林、加什帕里·耶凯伊（Gáspár Jékely）、亚历山德拉·施内尔、迈克尔·库巴、琼·艾鲁佩、罗杰·汉隆、琼·博尔、本尼·霍赫纳、詹妮弗·马瑟、安德鲁·巴伦、谢利·阿达莫、琼·麦金农（Jean McKinnon）、戴维·埃德尔曼（David Edelman）、詹妮弗·巴兹尔（Jennifer Basil）、弗兰克·格拉索（Frank Grasso）、格雷厄姆·巴德、罗伊·考德威尔、苏珊·凯里、尼古拉斯·斯特拉斯菲尔德以及罗杰·别克（Roger Buick）。我的合作伙伴马修·劳伦斯、戴维·谢尔和斯蒂芬·林奎斯特的角色想必在书中已经体现得很明确了。我很感谢他们允许我使用那些我们一起拍摄到的影像。

对很多丹尼尔·丹内特的拥趸而言，他对本书的影响显而易见。我也同样感谢弗雷德·凯泽、金·斯德热尼（Kim Sterelny）、德里克·斯基林斯（Derek Skillings）、奥斯汀·布思（Austin Booth）、劳拉·富兰克林–霍尔（Laura Franklin-Hall）、罗恩·普拉纳（Ron Planer）、罗莎·曹（Rosa Cao）、科林·克莱因、罗伯特・卢尔茨（Robert Lurz）、菲奥娜・希克（Fiona Schick）、迈克尔・特雷斯特曼以及乔・维蒂（Joe Vitti）。曼利潜水中心以及尼尔森湾的“我们一起去！”探险中心为我们的水肺潜水探险提供了重要支持。本书第49和第190页的图由伊莉莎・朱伊特所绘，第46页的图由安斯利・西戈（Ainsley Seago）绘制。第一页彩图可见“Cephalopod Cognition (book review),” *Animal Behaviour*，vol. 106, August 2015, pp. 145–47。我还要继续感谢丹尼丝・惠特利（Denise Whatley）、托尼・布拉姆利（Tony Bramley）、辛西娅・克里斯（Cynthia Chris）、丹尼丝・罗丹尼奇、米克・萨利翁（Mick Saliwon）和林・克利里（Lyn Cleary）。纽约城市大学的研究生中心是做研究的绝佳去处；除了有浓厚的学术氛围，那里能够让人自由地思考和写作。非常感谢甘蓝树水生保护区、波特里国家公园、杰维斯湾海洋公园和斯蒂芬斯港-大湖湾公园，谢谢他们对保护、照料这些生态环境所做的一切。

亚历克斯・斯塔尔（Alex Star）在本书的写作过程中也扮演了至关重要的角色，他所做的远远超过一名优秀编辑的日常工作。最后，我要感谢简・谢尔登，她为本书的几份初稿都提出了极具洞见的建议，还在海洋中发现了值得注意的动物，启发了我并为本书的写作贡献了很多想法；在我构思本书的过程中，她还一直耐心地清理不断侵入我们海边小公寓的海水和橡胶。

译后记

作者彼得·戈弗雷-史密斯的主要研究领域是科学哲学（Philosophy of Science）、生物哲学（Philosophy of Biology）和心灵哲学（Philosophy of Mind）。"Philosophy of Mind"一般译作"心灵哲学"，也有人译作"心智哲学"。在翻译本书的过程中，我最摇摆不定的一点，就是应该如何翻译头足纲动物的"mind"。

把"mind"翻译到中文语境中有两大难点：1）心灵哲学研究领域极广，这使得"心灵"或者"心智"一词在指代具体现象或心理状态时会不准确；2）"灵"字在中文语境中会让人联想到"灵魂"等①。

从领域上看，心灵哲学的研究范围涵盖从身心关系（Mind-body problem）、意识（Consciousness）到知觉（Perception）、认知（Cognition）、内省（Introspection）、记忆（Memory）和情感（Emotion）等多个领域。近三四十年来，越来越多的哲学家从对传统形而上问题的讨论中抽身，转而关注更具体的现象。从方法上

① 比如有一次我问一位非哲学系的朋友，问她听到心灵哲学时第一个想到什么，她说："扎着头巾烧着烧酒的心灵导师/神婆。"不过需要指出的是，哲学史对心灵哲学的讨论中，早期哲学家对于人心理现象的讨论确实离不开灵魂（Soul）和肉体（Body）的关系，比如柏拉图的灵魂轮回论、亚里士多德的形质论（Hylomorphism）到笛卡尔著名的二元论（Cartesian Substance Dualism）。

说，心灵哲学的研究也从最初被先验（a priori）的概念分析统治，到如今和认知科学（Cognitive Science）、脑科学（Neuroscience）联姻，因此也衍生出了心理学哲学（Philosophy of Psychology）等新兴学科。

本书中，戈弗雷-史密斯对头足纲动物的讨论囊括了意识和认知两方面，但用的词都是“mind”。当代心灵哲学意识的讨论中，意识的主观性如何被解释、这种主观性能否被物理还原都是争论的焦点。托马斯·内格尔在名篇《当一只蝙蝠是怎样一种感觉？》（*What It Is Like To Be a Bat?*）中，用了“当……是怎样一种感觉”这样的句式来强调意识的主观性和私密性[①]，戈弗雷-史密斯在讨论头足纲动物的“主观经验”（subjective experience）时也借用了这个句式。想必大家阅读本书时已经意识到，尽管几乎所有的哲学家都把“主观经验”和“意识”作为同义词使用，但戈弗雷-史密斯认为两者不可互换——因为他认为“主观经验”早于“意识”的形成，而且前者的演化起源也未必基于“有类似人脑的复杂大脑”这样的前提。鉴于戈弗雷-史密斯对主观感受的强调，我把涉及“意识”或“主观经验”讨论中的“mind”都译成了“心灵”。另外为

① 戈弗雷-史密斯的研究方法非常跨学科，融合了自身田野观察、脑科学研究、演化生物学和概念分析等等。对演化的强调也使得戈弗雷-史密斯对意识的研究在当今心灵哲学中独树一帜。比如，内德·布洛克（Ned Block）曾经基于当今脑科学实验的结果对意识的讨论做了进一步区分，即意识分为达及意识（access consciousness）和现象意识（phenomenal consciousness）。在我读本科时，戈弗雷-史密斯曾经来我所在的学校（Bard College）做过一次讲座，关于意识的起源和演化。当我天真地问他，早期身体结构简单的动物的讨论中是否也该做布洛克式的区分时，戈弗雷-史密斯严肃地表示，我们不该脱离意识的演化背景，仅仅基于当今的脑科学实验来急于对意识进行区分和下定义。

了突出对认知的强调，在涉及头足纲动物思考和认知的讨论时，我把“mind”都译成了“心智”。

最后，非常感谢费艳夏编辑给了我翻译戈弗雷-史密斯这本半科普著作的机会，也感谢费编一路上的协助。

黄　颖

出版后记

一个更主动阅读本书的方法是首先记住本书的作者是一名哲学家，因此，虽然在章鱼城邦的经历让作者迷上了头足纲动物，本书却不是作为头足纲动物的自然观察手记和研究综述来组织内容的。正如译者在译后记中对“mind”一词翻译的特别说明，作者很多时候用“意识”一词，是因为前人在叙述自己的研究时是这样指涉的，而他感兴趣的是更广义的“主观经验”，“意识”只是其中一个更小的范畴。本书的题眼之一正在于：广义的主观经验是如何从深海中起源的。

对这一问题的研究离不开科学，同样离不开哲学式的提问与论证方式。而在本书中连接两者的，还是人类非常感兴趣的一类动物：头足纲。戈弗雷－史密斯以它们为经验材料，试图接近“他者”的第一视角经验，为生命体的主观经验划出更明确也更广义的范畴。

演化生物学家狄奥多西·杜布赞斯基（Theodosius Dobzhansky）的“离开演化，生物学的一切都将毫无意义”不仅为生物学研究者们津津乐道，科学哲学中的生物学哲学也一直非常强调所研究问题的演化背景。戈弗雷－史密斯不再是传统的坐在扶手椅中沉浸在思想实验里的哲学家，他一次次地潜入海洋，以生动的切身交流为我们带来了这部视角立体的小书。也恰如本书书名未用到“他者”，而是选用了头足纲动物中的代表之一——章鱼来与更广义的 mind 的释义——“心灵”搭配。愿读者可以调动感官与思维，想象做一只章鱼是怎样一种感觉。

服务热线：133-6631-2326　188-1142-1266

服务信箱：reader@hinabook.com

2020 年 12 月